A

Atténuation des îlots de chaleur en milieu urbain

Amélie Parmentier

Atténuation des îlots de chaleur en milieu urbain

Développement d'un outil d'aide à la prise de décision

Presses Académiques Francophones

Impressum / Mentions légales

Bibliografische Information der Deutschen Nationalbibliothek: Die Deutsche Nationalbibliothek verzeichnet diese Publikation in der Deutschen Nationalbibliografie; detaillierte bibliografische Daten sind im Internet über http://dnb.d-nb.de abrufbar.
Alle in diesem Buch genannten Marken und Produktnamen unterliegen warenzeichen-, marken- oder patentrechtlichem Schutz bzw. sind Warenzeichen oder eingetragene Warenzeichen der jeweiligen Inhaber. Die Wiedergabe von Marken, Produktnamen, Gebrauchsnamen, Handelsnamen, Warenbezeichnungen u.s.w. in diesem Werk berechtigt auch ohne besondere Kennzeichnung nicht zu der Annahme, dass solche Namen im Sinne der Warenzeichen- und Markenschutzgesetzgebung als frei zu betrachten wären und daher von jedermann benutzt werden dürften.

Information bibliographique publiée par la Deutsche Nationalbibliothek: La Deutsche Nationalbibliothek inscrit cette publication à la Deutsche Nationalbibliografie; des données bibliographiques détaillées sont disponibles sur internet à l'adresse http://dnb.d-nb.de.
Toutes marques et noms de produits mentionnés dans ce livre demeurent sous la protection des marques, des marques déposées et des brevets, et sont des marques ou des marques déposées de leurs détenteurs respectifs. L'utilisation des marques, noms de produits, noms communs, noms commerciaux, descriptions de produits, etc, même sans qu'ils soient mentionnés de façon particulière dans ce livre ne signifie en aucune façon que ces noms peuvent être utilisés sans restriction à l'égard de la législation pour la protection des marques et des marques déposées et pourraient donc être utilisés par quiconque.

Coverbild / Photo de couverture: www.ingimage.com

Verlag / Editeur:
Presses Académiques Francophones
ist ein Imprint der / est une marque déposée de
AV Akademikerverlag GmbH & Co. KG
Heinrich-Böcking-Str. 6-8, 66121 Saarbrücken, Deutschland / Allemagne
Email: info@presses-academiques.com

Herstellung: siehe letzte Seite /
Impression: voir la dernière page
ISBN: 978-3-8381-7092-3

REMERCIEMENTS

Je tiens à remercier mon directeur de maîtrise Frédéric Monette ainsi que Robert Hausler, pour leurs conseils qui m'ont permis d'accomplir cette recherche par leur persévérance et leur bonne humeur dans toutes les circonstances. Je tiens à remercier particulièrement mon co-directeur de maîtrise, Mathias Glaus pour son aide et son soutien tout au long de cette réalisation, de cette entreprise, sans qui ce travail n'aurait pas été le même. Merci à Benoît pour ses conseils. Mille mercis à Maria Cendan d'avoir toujours été là.

Je tiens également à remercier mes parents et mes sœurs, à qui je dédie ce travail, pour leur compréhension, leur soutien, leur motivation malgré la distance qui nous sépare et pour leur présence dans tout mon parcours académique. Merci d'être là pour moi, quoiqu'il arrive et de m'appuyer dans toutes mes décisions.

Je souhaite remercier également les personnes qui m'ont suivi au cours de cette réalisation dont mes amis. Merci d'avoir rendu ces deux ans de composition inoubliables Je tiens à remercier particulièrement mes colocataires et amis qui m'ont supporté au cours de ces deux ans. Un clin d'œil particulier à Marie-Hélène sans qui la vie aurait été un peu triste. Merci pour ton retour d'expérience, ta motivation, ta confiance, tes nombreux conseils et ton écoute.

Merci à mes collègues qui m'ont côtoyé tous les jours : Franck, Elsa, Sylvain, Hugo…, qui m'ont soutenue, écoutée, raisonnée, consolée…et que je considère comme des amis à part entière.

TABLE DES MATIÈRES

LISTE DES TABLEAUX

4

5

LISTE DES FIGURES

LISTE DES ABRÉVIATIONS, SIGLES ET ACRONYMES

CRE   Conseil Régional de l'Environnement

FAO   Food and Agriculture Organisation

ETM   Évapotranspiration maximale

ETP   Évapotranspiration potentielle

ICU   Îlot de Chaleur Urbain
                       Urban Heat Island (UHI)

ICUS   Îlot de Chaleur Urbain de Surface
                       Surface Heat Island (SHI)

ICUC   Îlot de Chaleur Urbain de la Canopée
                       Canopy Layer Heat Island (CLHI)

ICUL   Îlot de Chaleur Urbain de la couche Limite
                       Boundary Layer Heat Island (BLHI)

ONU   Organisation des Nations Unies

MTD   Meilleures Techniques Disponibles

SEB   Surface Energy Balance

LISTE DES SYMBOLES ET UNITÉS DE MESURE

M	mètre (unité de longueur)
Mm	millimètre
Mm	micromètre
Nm	nanomètre
km^2	kilomètre carré (=1 000 000 m^2)
m^2	mètre carré
m^3	mètre cube
L	litre (unité de volume)
Kg	kilogramme (unité de masse)
J	jour (unité de temps)
H	heures (unité de temps)
S	seconde (unité de temps)
K	kelvin (unité de température)
°C	degré Celsius (unité de température)
W	watt (unité de puissance)
J	joule (unité d'énergie)
Hz	hertz (unité de fréquence)
Hab	habitants

INTRODUCTION

La population urbaine est en augmentation constante depuis des années et atteint de nos jours plus de la moitié de la population mondiale. Elle devrait encore croître de 2 à 2,5 milliards d'êtres humains d'ici 2030, ce qui équivaut à la création de deux villes d'un million d'habitants chaque semaine ou leur agrégation au sein de villes existantes (Domenach, 2007). La population urbaine atteint aujourd'hui 50 % de la population mondiale, 70 % de cette population urbaine étant localisée dans les pays développés (ONU, 2008). L'extension des zones urbaines, l'augmentation de la population urbaine, les activités humaines et les modifications qu'elles entraînent sur la morphologie d'un endroit précis peuvent avoir des conséquences néfastes sur les milieux naturels et la qualité de vie des citoyens.

L'un des phénomènes observés qui est engendré par les activités humaines est l'augmentation de température au sein d'un milieu urbain, comparativement au milieu rural ou naturel alentour. Ce phénomène, appelé îlot de chaleur, îlot thermique urbain ou îlot thermodynamique urbain, est présent dans la plupart des villes (Oke, 1982).

La présence d'îlots de chaleur urbains multiplie les épisodes de chaleur accablante qui détériorent la qualité de vie en ville. Ils sont notamment dangereux pour les populations à risque, à savoir les personnes âgées ou les enfants, plus sensibles aux températures élevées. Le nombre de morts durant ces périodes de forte chaleur est élevé et des études récentes tendent à démontrer que leur localisation correspond parfaitement aux quartiers où les îlots de chaleur sont plus importants, plus intenses (Pitre, 2008).

10

1.1   Problématique

Au-delà du constat de la présence d'îlot de chaleur en milieu urbain, il existe différentes alternatives d'intervention pour atténuer l'intensité du phénomène comme le choix de matériaux ou encore la présence de zones vertes mais également la minimisation des activités anthropiques qui dégagent de la chaleur dans l'environnement. Cependant, l'impact de ces solutions « locales » sur le phénomène est difficilement quantifiable de manière « globale » à l'échelle d'un quartier ou d'une ville. Les prises de décisions sont donc basées sur d'autres critères relatifs au bien-être de la population et à l'image qu'elles procurent.

1.2   Objectifs

La présente recherche vise à développer une approche globale appliquée à l'évaluation de scénarios pour appuyer les prises de décisions en prenant en considération des critères d'ordre social, environnemental et technique, afin de s'inscrire dans une démarche responsable de développement durable. Pour répondre à la problématique identifiée précédemment, les travaux comprennent les étapes suivantes :

- évaluation de l'apport énergétique d'une solution à l'échelle d'un quartier;
- développement d'une grille d'analyse;
- développement d'un outil informatique pour faciliter la gestion de l'information.

Pour atteindre ces objectifs, le premier chapitre du mémoire, état des connaissances, traite du contexte général du phénomène d'îlot de chaleur en abordant les méthodes relatives à son observation et ses causes ainsi que les principales interventions existantes pour minimiser ses effets. Sur la base de la problématique exposée précédemment, le deuxième chapitre présente la méthode adoptée afin de comparer et d'analyser des scénarios d'interventions sur les îlots de chaleur par une approche systémique et des calculs énergétiques. Afin d'intégrer cette démarche à un processus plus global, le troisième chapitre aborde la prise en compte des points de vue des différents acteurs ainsi que les différents critères importants pour tout processus décisionnel. Une analyse de la satisfaction est ainsi développée. Le dernier chapitre du mémoire est consacré à l'observation des retombées d'un tel outil à grande échelle ainsi qu'aux avancées que pourrait avoir un tel outil.

CHAPITRE 2

REVUE DE LA LITTÉRATURE

Le phénomène d'îlot de chaleur urbain (ICU) a fait l'objet de nombreuses études depuis une soixantaine d'années (Balchin et Pye, 1947), études se limitant généralement à son observation. Pour aborder le phénomène et comprendre ses causes, ce premier chapitre aborde respectivement l'historique de son apparition, plus particulièrement de son observation, et présente ensuite les différentes variables agissant sur les ICU.

2.1   Îlots de chaleur urbains

Les îlots de chaleur ont été observés à plusieurs échelles verticales et sont définis par leur intensité exprimée en degrés Celsius. Cette intensité se traduit par la différence de température entre le milieu urbain étudié et un milieu rural servant de référence (Oke, 1987). Les ICU amènent de nombreux problèmes au sein d'une ville, en termes de santé, de pollution et de bien-être.

2.1.1   Historique du phénomène

Les îlots de chaleur urbains désignent des élévations localisées des températures, particulièrement des températures maximales diurnes et nocturnes, enregistrées en milieu urbain par rapport aux zones rurales ou forestières voisines.

La première étude scientifique portant sur le climat urbain a été réalisée par Howard en 1833. Il constate, à partir de relevés quotidiens, que les températures au cœur de la ville de Londres sont plus élevées que dans les zones rurales qui l'entourent. En revanche, le terme d'îlot de chaleur urbain n'apparaît que plus tard. En effet, selon Stewart et Oke (2006), la première mention est attribuée à Balchin et Pye (1947).

Depuis une cinquantaine d'années, une multitude de publications sur le phénomène a été produite et correspond à la multiplication de vastes mégalopoles. À noter particulièrement les contributions de Chandler (1965) sur Londres, Bornstein (1968) et Oke (1973) en Amérique du Nord ainsi que Dettwiller (1970) et Ercourrou (1986) sur Paris.

2.1.2   Échelles d'études

L'îlot thermodynamique urbain peut être examiné à différents niveaux au sein d'une ville (Pigeon, 2007). Trois degrés d'observation à l'échelle verticale sont à noter (Figure 1.1). Le premier est celui de l'« îlot de chaleur à la surface du sol », dénommé en anglais *Surface Heat Island* (SHI), qui permet d'observer dans certains endroits d'une ville que des surfaces sont plus chaudes. La deuxième échelle d'observation est celle de la canopée appelée « Îlot de Chaleur Urbain à l'échelle de la Canopée » (ICUC) ou en anglais *Canopy Layer Heat Island* (CLHI). Cette échelle fait référence à la couche d'air comprise entre le sol et la cime des arbres ou des toitures des bâtiments, où se déroule l'essentiel de l'activité humaine. La troisième échelle est celle de la frontière atmosphérique ou couche limite urbaine, *Boundary Layer Heat Island* (BLHI) en anglais. Cette échelle correspond à la couche située au dessus de la couche de la canopée. Elle correspond à la couche formant un dôme plus chaud en suivant le sens du vent. À noter que les îlots de chaleur de la canopée et de la couche limite urbaine font référence à la température de l'air (Oke, 1982; Voogt, 2002).

14

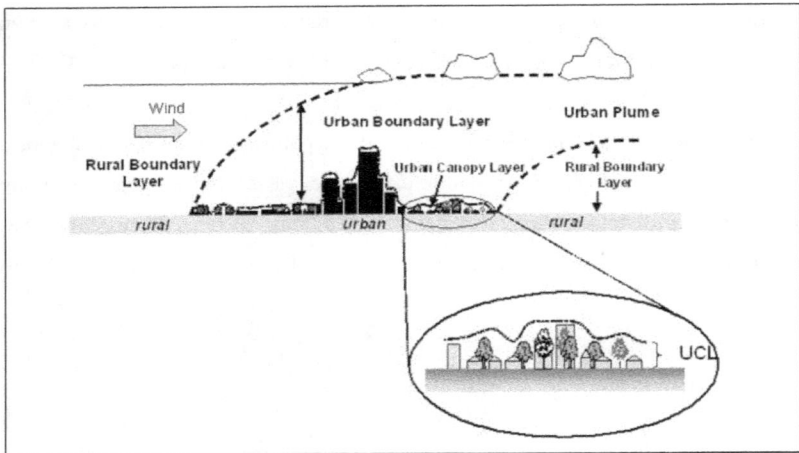

Figure 2.1 Schéma des principales composantes de l'atmosphère urbaine.
Tirée de Voogt (1987)

Il existe différentes façons de mettre en évidence les îlots de chaleur ainsi que leur intensité, en fonction de l'échelle d'étude. Les deux dernières échelles se réfèrent à la chaleur de l'atmosphère urbaine et l'îlot qui leur est associé est mis en évidence par mesure directe de la température de l'air urbain à différentes hauteurs. Cependant, l'utilisation d'images satellites permet de les observer à plus grande échelle, c'est-à-dire à l'échelle de la ville dans son ensemble et de sa banlieue, contrairement aux relevés de températures réalisés au sein des différents quartiers qui fournissent des données à plus petite échelle. La première échelle d'observation des îlots de chaleur peut être mise en évidence par thermographie infrarouge par satellite (Ringenbach, 2004).

Toutes ces échelles d'observations sont pourtant liées. Des échanges énergétiques entre chacune d'elles ont lieu (Lemonsu, 2004). Toutefois, il semble pertinent de s'attarder sur les îlots de chaleur à l'échelle de la canopée (ICUC), dans la mesure où

15

les infrastructures urbaines et les activités humaines influençant l'intensité du phénomène appartiennent à cette échelle.

L'observation des ICUC demande l'étude de paramètres qui n'ont pas le même « rôle » dans la définition du phénomène. En effet, à l'échelle micro, définie comme étant l'échelle du bâtiment, il est pertinent de s'attarder sur les matériaux de construction, leurs propriétés et les échanges de chaleur qui y ont lieu au cours d'une journée. En revanche, pour les échelles macro et méso (à l'échelle de la ville ou du quartier respectivement), il faut prendre en compte de manière plus globale tout ce qui concerne la végétation ainsi que la chaleur anthropique (chaleur générée par les activités humaines), en plus des matériaux de construction qui constituent les infrastructures, bâtiments, chaussées, *etc.* (Giguère, 2009).

2.1.3   Description du phénomène

Si le phénomène des îlots de chaleur urbains (ICU) a été mis en évidence il y a plus d'un siècle, en revanche il prend actuellement toute sa signification. En effet, l'accroissement non seulement du nombre mais également de l'intensité des épisodes annuels de chaleur accablante engendrent des conséquences sur les populations en termes de santé et bien-être (Lachance, Baudoin et Guay, 2006).

De manière générale, l'ICU est défini lorsque la température au sol est plus élevée de 5 à 10°C en ville que dans la zone rurale environnante (Camilloni et Barro, 1997; Charabi, 2001). Cette différence de température, notée $\Delta T_{u\text{-}r}$ (définissant l'intensité de l'ICU), présente à tout moment de la journée et de l'année, est généralement beaucoup plus perceptible le soir et la nuit sous un ciel clair. En effet, sous ce type de ciel, c'est en majorité du rayonnement direct (rayonnement solaire principalement) qui « frappe » les surfaces. Ce type de rayonnement se caractérise par une plus grande intensité que le rayonnement diffus (Bessemoulin et Oliviéri,

2000). La Figure 1.2 montre l'évolution de l'intensité de l'îlot de chaleur tout au long d'une journée, ainsi que son maximum en fin de journée. Les îlots de chaleur sur le graphique sont mis en évidence par la différence des taux de rafraîchissement entre les milieux rural et urbain. Plusieurs études en font la constatation (Renou, 1862; Hammon et Duenchel, 1902). Pendant la journée, l'ICUC a souvent un caractère résiduel. Un îlot urbain « froid » le matin ou pendant la journée peut être observé (Pearlmutter, Bitan et Berliner, 1999). Le soir et la nuit a lieu une période de refroidissement nocturne. L'ICUC est amplifié durant cet intervalle (Oke et East, 1971, Oke et Maxwell, 1974; Hage, 1975). Le maximum de l'ICUC a lieu souvent à un moment fixe par rapport au coucher du soleil, plutôt qu'à une heure précise (Runnalls et Oke, 2000) mais varie selon la région et la ville observée.

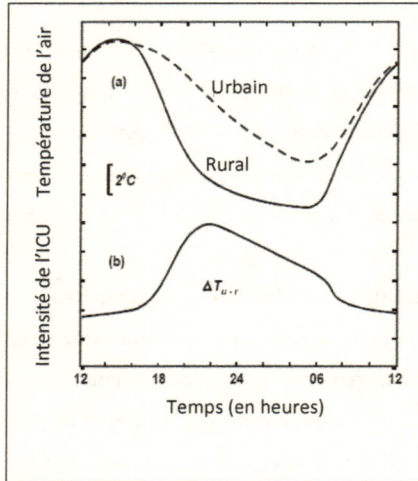

Figure 2.2 (a)Variation typique des températures des zones urbaines et rurales sous ciel clair et faible vent (b) Intensité des îlots de chaleur urbains.
Adaptée de Oke (1987)

17

Selon Oke (1973), l'intensité d'un îlot de chaleur est influencée par la densité de population de la zone d'étude. En effet, en général, plus un quartier est dense, plus les bâtiments sont proches les uns des autres, plus les surfaces sont imperméabilisées (asphaltées), plus la morphologie du milieu est modifiée. Oke (1973) a étudié ces effets en réalisant des mesures de températures en milieux urbain et rural pour observer leurs différences. Il a utilisé 10 stations d'observation dans des villes de différentes tailles et ayant une population variant de 1000 à 1 million d'habitants, où les éléments topographiques ont une faible influence. Les mesures ont été réalisées trois heures après le coucher du soleil sous un ciel dégagé, sous peu de vent, lorsque l'intensité des ICU est à son maximum. Les valeurs s'échelonnent entre 2°C pour une ville de 1000 habitants et 12°C pour une ville de plusieurs millions d'habitants. Il a proposé une relation empirique reliant l'intensité des ICU (différence de température entre milieux urbain et rural, notée ΔT_{u-r}) à la population et à la vitesse du vent :

$$\Delta T_{u-r} = \frac{0,25 \times P^{\frac{1}{4}}}{u^{\frac{1}{2}}} \qquad (2.1)$$

Où :

P   la population (hab)

u   la moyenne de la vitesse du vent (en m/s)

Au Québec et dans huit autres villes, Oke a également déterminé une équation régressive pour l'expression du maximum d'intensité d'un ICU, $(\Delta T_{u-r})_{MAX}$, en effectuant des relevés sous les mêmes conditions dans la région de Montréal :

$$(\Delta T_{u-r})_{MAX} = 3,06 \times \log(P) - 6,79 \qquad (2.2)$$

Où :

P   la population (hab)

Ces études datant de plus d'une trentaine d'années pourraient être actualisées. Cependant, au-delà de confirmer le phénomène, ces nouvelles données n'apporteraient pas nécessairement de nouvelles connaissances, dans la mesure où une généralisation du phénomène à plusieurs villes semble peu rigoureux. En effet, comme le soulignent Stewart et Oke (2006), il est très difficile de comparer entre elles les études sur les îlots de chaleur à l'échelle de la canopée puisque les méthodologies employées sont spécifiques et que chaque étude n'utilise qu'un échantillon restreint de l'espace urbain et de l'espace rural dans chacun des sites étudiés. Par ailleurs, la frontière entre les deux espaces est difficile à discerner et l'espace urbain est diffus et complexe. En outre, la notion de l'îlot de chaleur urbain à l'échelle de la canopée (ICUC) est davantage liée à une vision mono-centrique de l'espace urbain avec un centre-ville unique et défini, ainsi qu'à une vision historique pour laquelle la limite entre la ville et la campagne est marquée (Pigeon, 2007).

Selon Oke (1976), qui considère une vision mono-centrique de la ville, la structure spatiale de l'ICUC est concentrique autour du centre ville et est caractérisée par trois couronnes (
Figure 2.3). Une couronne étroite marquée par un intense gradient de température à la transition entre la ville et la campagne qu'il dénomme « cliff », zone de transition dans laquelle Éliasson (1996) mesure des gradients de l'ordre de 0,3 à 0,4°C par 100 m. La deuxième couronne plus large est appelée « plateau ». Elle est marquée par des gradients faibles et une tendance progressive au réchauffement au fur et à mesure que l'on s'approche du centre-ville. Enfin, la zone centrale entourant le centre ville est appelée « pic ».

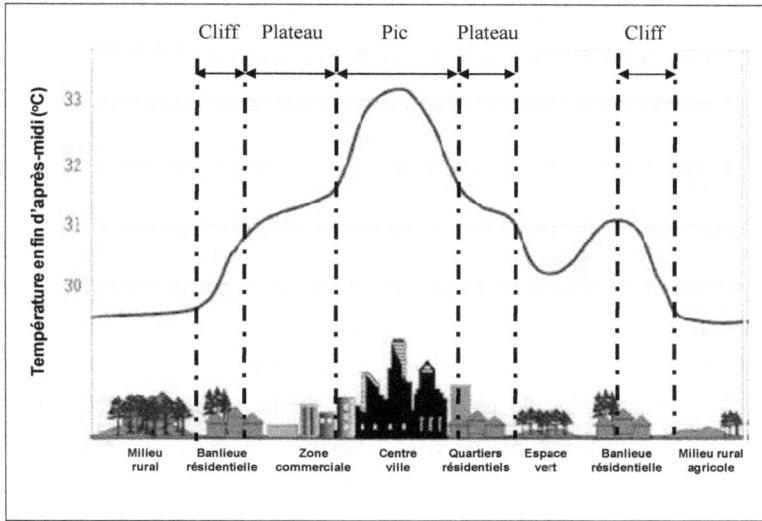

Figure 2.3 Profil de température dans une ville en fin d'après-midi.
Tirée d'EPA (2006)

La définition d'un ICU est peu précise sur le plan spatial et temporel. Il est décrit comme un « phénomène » qui laisse place à interprétation en regard du moment de la journée à considérer, du niveau de référence afin de calculer son intensité et finalement de sa spatialisation comme l'indique sa définition générale. Les scientifiques travaillant sur le sujet posent généralement leur propre définition dont voici quelques exemples.

« On définit l'îlot de chaleur comme une zone urbanisée caractérisée par des températures estivales plus élevées que l'environnement immédiat, avec des différences qui varient selon les auteurs de 5 à 10°C. ». (Baudoin et Guay, 2005, p.1-8)

« Les îlots de chaleur se définissent comme la différence de
température observées entre les milieux urbains et les zones rurales
environnantes pouvant atteindre jusque 12°C de plus que les régions
limitrophes ». (Voogt, 2002)

« Le phénomène d'îlot de chaleur est défini par l'écart de température
entre le canyon urbain et la rase campagne ». (Pignolet-Tardan et *al.*,
1996, p.10)

2.2 Apparition du phénomène

La présence d'îlots de chaleur au sein d'un milieu urbain est expliquée par une
modification de l'environnement d'origine. Différentes variables en sont la source.
Elles peuvent être séparées en deux catégories : les variables incontrôlables (sur
lesquelles les hommes ne peuvent intervenir directement) et les variables
contrôlables (sur lesquelles il est possible d'intervenir de manière directe) (Figure
1.4).

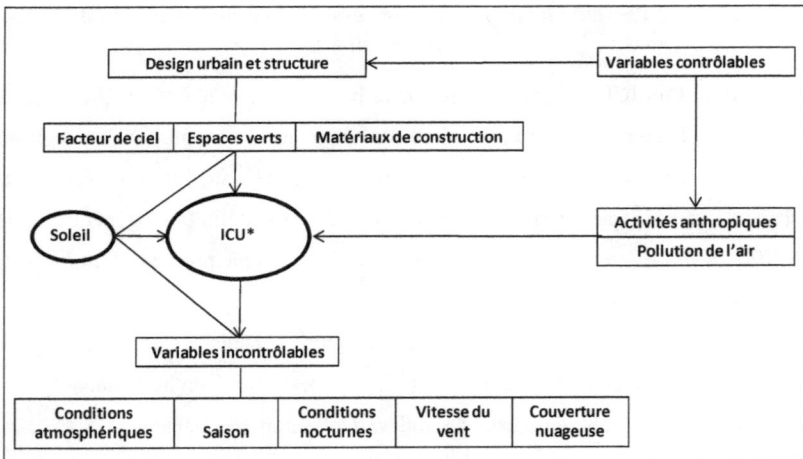

Figure 2.4 Génération de l'îlot de chaleur urbain.
Adaptée de Rizwan (2007)

2.2.1   Variables incontrôlables

Ce type de variables ne peut pas être influencé puisqu'elles dépendent principalement des conditions météorologiques. Parmi les variables incontrôlables se trouvent :

- les conditions atmosphériques;
- la saison;
- les conditions nocturnes;
- la vitesse du vent;
- le couvert nuageux.

Les paramètres les plus significatifs sont le vent et la nébulosité. Tout d'abord, l'intensité d'un ICUC diminue avec la vitesse du vent (Sundborg, 1950; Duckworth et Sandberg, 1954; Morris, Simmonds et Plummer, 2001; Eliasson et Svensson, 2003). Ce phénomène est dû au fait que l'augmentation du vent induit une augmentation du mélange horizontal. Oke (1971) a déterminé que l'ICUC disparait pour des vents supérieurs à 11,1 m/s et que la présence d'un vent modéré (3 à 6 m/s) modifie la forme de l'îlot de chaleur. Dans ce dernier cas, la température prend alors la forme d'un panache étiré selon l'axe des vents (Figure 1.5).

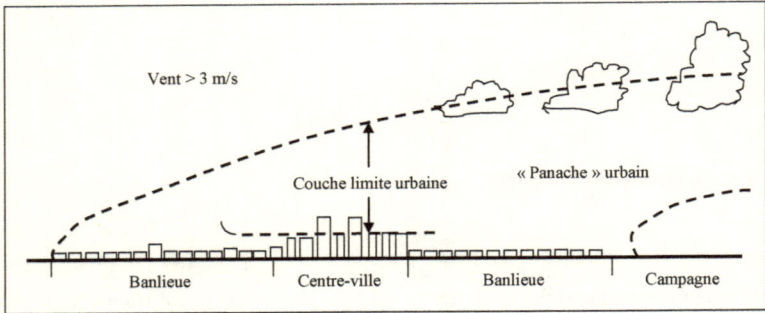

Figure 2.5 Atmosphère urbaine pour un vent supérieur à 3 m/s et inférieur à 11,1 m/s, création d'un panache urbain.
Adaptée de Oke (1971)

En cas de vent très faible, la forme du panache de l'îlot de chaleur est modifiée (Figure 1.6). Il est généralement multicellulaire (Oke et East, 1971; Klysik et Fortuniak, 1999).

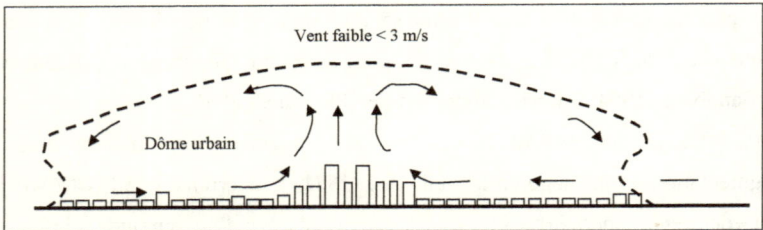

Figure 2.6 Atmosphère urbaine pour un vent inférieur à 3 m/s; création d'un dôme.
Adaptée de Oke (1971)

En ce qui concerne la nébulosité, l'intensité de l'îlot de chaleur diminue lorsqu'elle augmente (Runnalls et Oke, 2000; Eliasson et Svensson, 2003). En effet, les nuages interviennent en modifiant le rayonnement infrarouge incident et, par conséquent, influencent le bilan net de la surface et le refroidissement radiatif nocturne pendant lequel se forme l'ICUC. Ce phénomène est explicité à la section 2.3.

Pour la variable relative aux conditions atmosphériques et anticycloniques, en cas de pluie ou de soleil faiblement présent, le phénomène sera moins visible. Les conditions nocturnes influencent également l'intensité d'ur ICU puisque lors de cette période, le rafraîchissement radiatif a lieu. Si les conditions ne sont pas propices, si la température extérieure est trop élevée, le refroidissemen: est de moindre efficacité, ce qui amplifie les ICU.

2.2.2   Variables contrôlables

Ces variables sont influencées par de nombreux facteurs et peuvent être modifiées. Dans les variables contrôlables se trouvent :

-    les facteurs de vue (dépendant de la morphologie urbaine);
-    la nature des matériaux de construction;
-    le taux de végétation;
-    la chaleur anthropique dégagée;
-    les polluants présents dans l'air.

Une description résumée de chacun de ces paramètres est présentée dans les paragraphes suivants.

Facteur de vue

Une cause de variation de l'intensité de l'ICUC es: la structure géométrique tridimensionnelle de la surface urbaine. Les rues en milieu urbain peuvent être caractérisées de manière quantitative par le rapport d'aspect (rapport entre la hauteur des bâtiments H et la largeur des rues W) qui est inversement proportionnel au facteur de vue du ciel des éléments de la rue. Oke (1981) montre que plus le rapport d'aspect d'un site de mesures est élevé, plus la différence de température avec un site rural est grande (Figure 1.7).

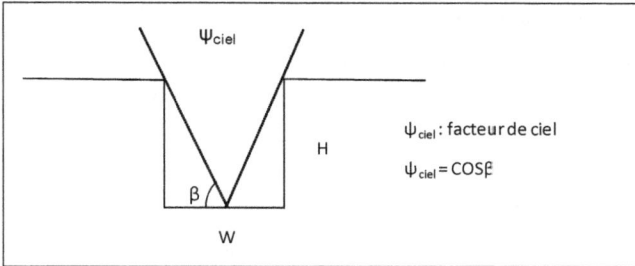

Figure 2.7 Facteur de vue dans un canyon symétrique, largeur de rue W, hauteur des bâtiments H.
Adaptée de Oke (1981)

Le facteur de ciel exprimé selon la Figure 1.7 (Oke, 1981) est une expression simplifiée du facteur qui considère une symétrie parfaite du canyon.

Oke (1981) a effectué de nombreuses études sur 31 villes d'Amérique, d'Europe et d'Asie afin d'établir la relation entre le facteur de ciel et le maximum d'intensité d'un îlot de chaleur. Elle s'exprime selon deux équations :

$$(\Delta T_{u-r})_{MAX} = 7,45 + 3,97 \times \ln\left(\frac{H}{W}\right)$$

(2.3)

$$(\Delta T_{u-r})_{MAX} = 15,27 - 13,88 \times \psi_{ciel}$$

(2.4)

<u>Nature des matériaux de construction</u>

Les matériaux de construction sont également une cause de l'ICUC. En effet, ils emmagasinent la chaleur au cours de la journée et la rediffusent progressivement en soirée et durant la nuit lorsque la température extérieure diminue (Figure 1.8). Ce phénomène s'explique par leurs propriétés thermiques. Ils engendrent une température au sein du milieu urbain supérieure au milieu rural de référence, qui emmagasine beaucoup moins d'énergie solaire. Oke (1981) a montré, à l'aide d'une simulation physique, que l'écart de température entre un modèle réduit de ville et une surface en bois est plus fort lorsque le matériau utilisé pour la « maquette » est du béton.

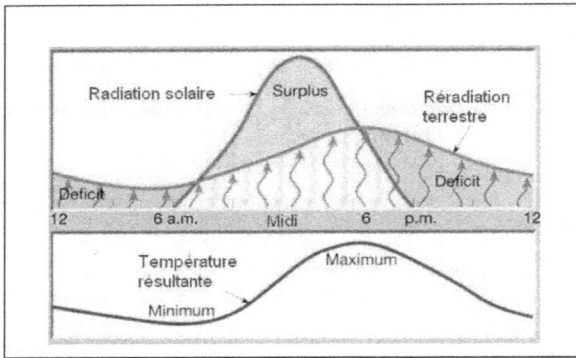

Figure 2.8 Variation de la température et création de l'ICUC.
Adaptée de Lutgens, Tarbuck et Tasa (1994)

Albédo

L'un des paramètres influençant le phénomène est l'albédo. Il est défini par le rapport de l'énergie solaire réfléchie par une surface par rapport à l'énergie solaire qu'elle reçoit. L'albédo s'exprime sur une échelle variant de zéro à un. Une valeur nulle correspond au noir qui absorbe l'intégralité de l'énergie qu'il reçoit et une valeur unitaire correspond à une surface blanche diffusant dans toutes les directions et n'absorbant rien du rayonnement électromagnétique visible qu'elle reçoit. Selon la conductivité thermique, cette énergie réchauffe le matériau qui restitue la chaleur à l'air ambiant sous forme de chaleur sensible. Plus la surface sera chaude, plus l'air ambiant le sera.

27

Chaque matériau a une valeur spécifique d'albédo. Le Tableau 1.1 indique ces valeurs pour des surfaces présentes habituellement dans les villes.

Tableau 2.1 Albédo des surfaces urbaines
Tiré de Aida et Goreh (1982)

Matériaux	Albédo
Asphalte	0,05-0,20
Murs :	
- Béton	0,10-0,35
- Briques	0,20-0,40
- Pierres	0,20-0,35
Toiture :	
- Goudron et gravier	0,08-0,18
- Tuile	0,10-0,35
- Ardoise	0,1

Les valeurs présentées au Tableau 1.1 montrent que l'asphalte absorbe la majeure partie du rayonnement solaire qu'il reçoit comparativement aux autres matériaux. En ce qui concerne les valeurs d'albédo de la végétation, une étude allemande a mesurée des valeurs entre 0,25 et 0,30 pour les arbres et entre 0,15 et 0,18 pour les surfaces gazonnées (Peck, Taylor et Conway, 1999).

Émissivité

Une autre propriété influençant les îlots de chaleur est l'émissivité. Il s'agit de l'aptitude d'un matériau à échanger de la chaleur par rayonnement. Le Tableau 1.2 répertorie les valeurs d'émissivité pour les matériaux les plus couramment utilisés en milieu urbain.

Tableau 2.2 Valeurs d'émissivité pour des surfaces rencontrées en milieu urbain
Tiré de Uherek (2005)

Surface	Émissivité ε (-)
Asphalte	0,95
Béton	0,71-0,91
Aires urbaines	0,85-0,96
Sol sec à mouillé	0,98-0,90
Pelouse haute à basse	0,90-0,95

Propriétés thermiques caractéristiques

Le Tableau 2.3 énumère les grandeurs thermiques caractéristiques de matériaux présents en zone rurale et en zone urbaine. On considère la masse volumique ρ, la capacité thermique massique c, la capacité thermique volumique C (avec $C = c \times \rho$), la conductivité thermique λ et l'effusivité thermique μ (avec $\mu = \sqrt{\lambda \cdot C}$) qui indique la vitesse à laquelle la température d'un matériau varie et exprime la capacité de celui-ci à absorber ou à restituer de la chaleur (Pigeon, 2007).

Tableau 2.3 Propriétés thermiques des matériaux naturels et de construction
Tiré de Pigeon (2007)

Matériaux	Caract.	ρ (kg/m³) x 10³	c (J/kg/K) x 10³	C (J/m³/K) x 10⁶	λ (W/m/K)	μ (J/m²/s⁰·⁵/K)
Sol sableux (40 % pore)	Sec	1,6	0,80	1,28	0,30	620
	Saturé	2,0	1,48	2,96	2,20	2550
Sol argileux (40 % pore)	Sec	1,6	0,89	1,42	0,25	600
	Saturé	2,0	1,55	3,10	1,58	2210
Tourbe (80 % pore)	Sec	0,3	1,92	0,58	0,06	190
	Saturé	1,10	3,65	4,02	0,50	1420
Asphalte	---	2,11	0,92	1,94	0,075	1205
Béton	Dense	2,40	0,88	2,11	1,51	1785
Pierre	---	2,68	0,84	2,25	2,19	2220
Brique	---	1,83	0,75	1,37	0,33	1065
Tuile	Argile	1,92	0,92	1,77	0,34	1220
Bois	Dense	0,81	1,88	1,52	0,19	535
Polystyrène	---	0,02	0,88	0,02	0,03	25

Les valeurs du Tableau 2.3 montrent que les matériaux urbains (asphalte et béton par exemple) ont une capacité thermique volumique C ainsi qu'une conductivité thermique λ plus élevés que les matériaux ruraux. En conséquence, ils ont une meilleure effusivité thermique μ (définissant la capacité d'un matériau à échanger de la chaleur avec son environnement) qui favorise ainsi le stockage et le relâchement de la chaleur durant la nuit (Grimmond et Oke, 1995 et 1999; Christen et Vogt, 2004).

Taux de végétation

L'intensité d'un îlot de chaleur est également liée au taux de végétation. L'observation par images satellites permet de mettre en évidence ce lien et également de lier le phénomène à l'urbanisation et à la densification d'une ville en observant des cartes sur plusieurs années (Pitre, 2008). La Figure 1.9 illustre les zones à risques pour la santé de la population en conditions de chaleur accablante, et met ainsi en relation le manque de végétation, la densification d'un quartier et les ICU pour la Ville de Montréal.

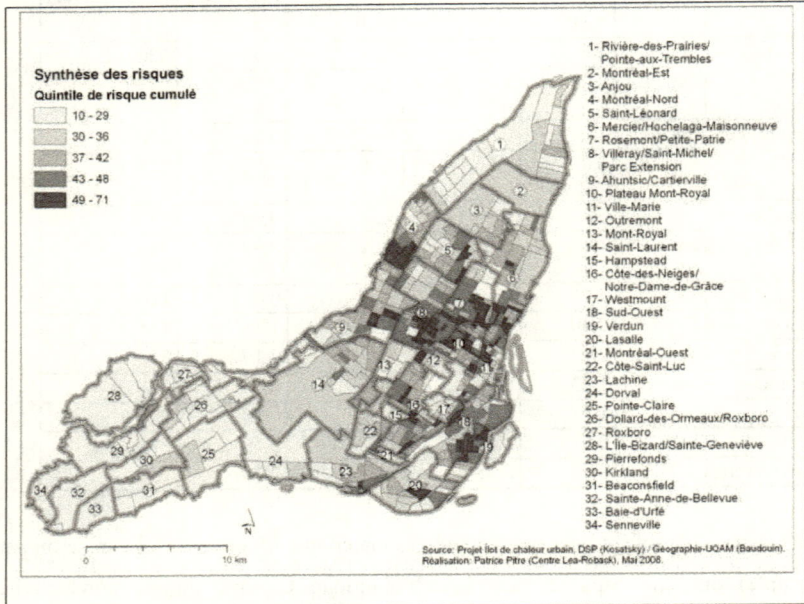

Figure 2.9 Synthèse des risques pour la santé en cas de forte chaleur, Ville de Montréal.
Tirée de Pitre (2008)

Une étude réalisée pour la ville de Montréal et ses environs (Baudoin, 2008) a permis de mettre en évidence les zones urbaines exposées au phénomène d'ICU. La Figure 1.10 souligne les milieux les plus critiques en termes d'îlots de chaleur à Montréal et montre qu'ils correspondent aux zones fortement peuplées et urbanisées.

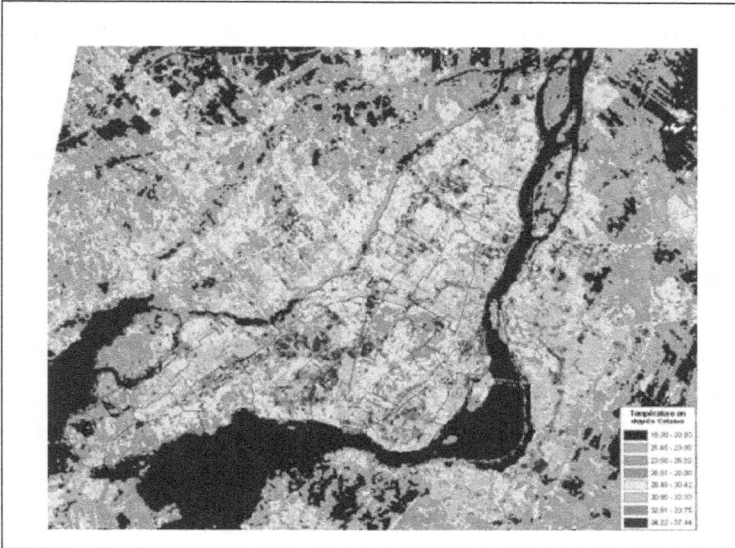

Figure 2.10 Carte des îlots de chaleur de la ville de Montréal.
Tirée de Guay (2004)

Johnston et Newton (2004) montrent l'effet bénéfique de la végétation sur la température. Ils rapportent qu'un arbre mature qui transpire 450 litres d'eau a un effet refroidissant équivalent à celui de cinq climatiseurs qui fonctionneraient 20 heures par jour. Un jour d'été, Hanson *et al.* (1991) estiment qu'un grand arbre évapore jusque 1460 litres d'eau.

Les plantes transforment une faible partie du rayonnement solaire en énergie chimique par photosynthèse et de cette façon réduisent de façon minime l'échauffement de l'espace urbain. Par contre, le processus le plus important est l'évaporation de l'eau des feuilles (évapotranspiration) refroidissant de manière significative les feuilles et l'air qui s'y trouve en contact, et augmentent par la même

32

occasion l'humidité de l'air. Comme l'évapotranspiration implique la vaporisation de l'eau, elle représente un flux de chaleur latente, c'est-à-dire d'énergie. La quantité d'eau évaporée au cours des processus d'évapotranspiration varie temporellement et géographiquement. Elle est influencée par des facteurs locaux et régionaux tels que la topographie, les propriétés du sol, le type de végétation et sa maturité (dépendant de la saison et de son âge) (Brochu, 2006). L'évapotranspiration maximale (ETM) définit le montant total des pertes en eau (en mm/mois) d'un couvert végétal recouvrant totalement le sol, dans des conditions climatiques données et si l'alimentation en eau du processus s'effectue sur un rythme suffisant pour couvrir la demande évaporatrice potentielle (ETP). L'ETP est définie comme la somme de l'évaporation par la surface du sol et de la transpiration par le feuillage d'une culture (en mm/mois) dont les stomates sont entièrement ouverts. Plusieurs formules permettent de déterminer l'ETP, certaines étant mieux adaptées aux régions arides et sèches (formule de Blaney-Criddle), d'autres aux conditions tempérées (formule de Turc, équation 1.5). Katerji (1977) propose quant à lui une expression de l'évapotranspiration maximale (équation 1.6) à partir de l'évapotranspiration potentielle obtenue.

$$ETP = 0,4 \cdot T_a \cdot \left(\frac{R_g + 50}{T_a + 15} \right) \cdot \left[1 + \frac{(50 - HR)}{70} \right]$$

(1.5)

$$ETM = k_c \cdot ETP$$

(1.6)

Où

$$R_g = R_a \cdot (a + b \cdot \frac{n}{N})$$

(1.7)

Et où :

R_g rayonnement global (en W/m^2)

R_a rayonnement atmosphérique (en W/m^2)

n   insolation effective (en heures)

N   durée astronomique possible d'insolation (en heures)

33

k_c coefficient structural, dépendant du type de végétation et de la saison, sans unité

a, b   constantes fixées pour les zones tempérées à 0,18 et 0,55 respectivement

HR   humidité relative (en %)

T_a température du milieu (en K)

Chaleur anthropique

Une autre cause des ICU est la chaleur anthropique dégagée en ville plus élevée qu'à la campagne. En hiver, la chaleur anthropique (essentiellement due à la consommation accrue de chauffage) a une plus grande incidence sur la production de chaleur que les autres facteurs puisque le soleil n'y est pas souvent présent. En été, il va s'agir davantage d'une rétention de chaleur dans les différents matériaux ainsi que la production de chaleur anthropique par l'utilisation de climatiseurs, ce qui amène une boucle de rétroaction qui aggrave le phénomène (Figure 1.11). D'autres sources de chaleur anthropique peuvent être citées dans l'étude des ICU comme, par exemple, la chaleur due au transport ou à l'industrie (entraînant un rejet de polluants pouvant contribuer éventuellement à un dôme de chaleur au dessus d'un milieu urbain, un phénomène d'effet de serre local) ou encore la consommation énergétique des bâtiments en été provenant essentiellement de la climatisation et des activités industrielles. Ces deux sources représentent 48 % de la chaleur anthropique totale à cette période de l'année (Sailor et Lu, 2004). En ce qui concerne le transport, Arnfield (2003) et Sailor et Lu (2004) ont montré qu'il représente 50 % de la chaleur anthropique, les 2 % restants proviendraient de la chaleur dégagée par le métabolisme humain (Sailor et Lu, 2004).

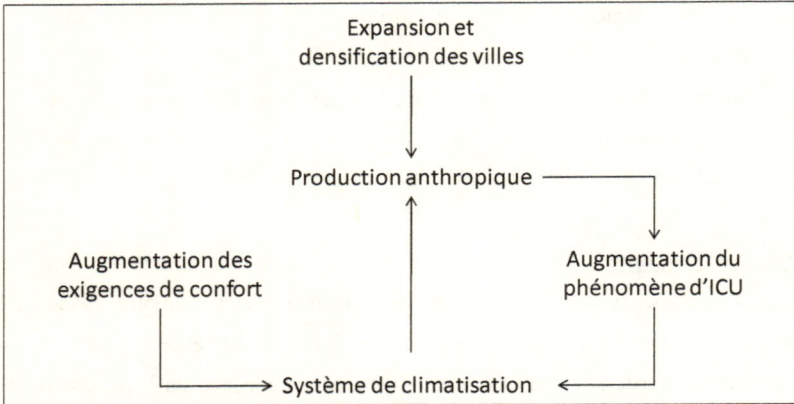

Figure 2.11 Boucle de la production de chaleur anthropique et des ICU en été.

Toutes ces variables entraînent une absorption du rayonnement solaire par les surfaces (qui se transformera en chaleur), un échange par convection plus faible avec la Terre et les bâtiments, une diminution du rafraîchissement du secteur urbain par l'air passant au dessus et une production de chaleur en ville due aux activités humaines. Dès lors, ces variables influencent le bilan énergétique associé à la zone d'étude.

Les polluants

Les polluants présents dans l'atmosphère urbaine créent un dôme au dessus d'une ville qui a un impact sur la température du milieu. En effet, il emprisonne la chaleur qui pénètre dans l'atmosphère urbaine et crée un effet de serre local qui emprisonne les rayons du soleil et influence les bilans radiatifs et d'énergie (Mestayer et Anquetin, 1995) qui seront présentés dans la partie suivante.

2.3   Bilans radiatif et d'énergie

De nombreux échanges d'énergies ont lieu au sein du système atmosphérique et permettent le développement de la vie sur Terre. La Figure 1.12 décompose les différents flux dans l'atmosphère terrestre et fournit les valeurs moyennes annuelles à la surface terrestre. Il s'agira des mêmes flux qui frappent les surfaces et les espaces urbains.

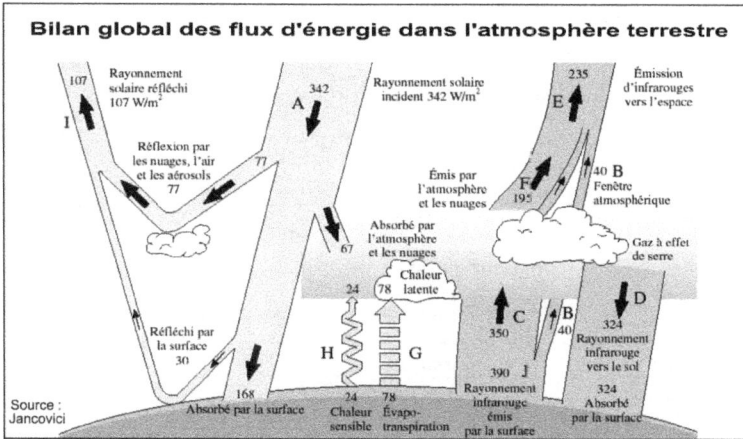

Bilan global des flux d'énergie dans l'atmosphère terrestre

107 Rayonnement solaire réfléchi 107 W/m²   I   342   A   Rayonnement solaire incident 342 W/m²   235   E   Émission d'infrarouges vers l'espace

Réflexion par les nuages, l'air et les aérosols 77   77   Émis par l'atmosphère et les nuages   F   195   40 B Fenêtre atmosphérique

Absorbé par l'atmosphère et les nuages 67   Gaz à effet de serre

Chaleur latente 24 78   C 350   B 40   D 324 Rayonnement infrarouge vers le sol

Réfléchi par la surface 30   H   G   390 J Rayonnement infrarouge émis par la surface   324 Absorbé par la surface

Source : Jancovici   168 Absorbé par la surface   24 Chaleur sensible   78 Évapotranspiration

Figure 2.12 Bilan global des flux d'énergie dans l'atmosphère terrestre.
Tirée de Jancovici (2002)

Les valeurs de la Figure 1.12 sont les moyennes temporelles sur l'année et sur la surface de la Terre (en W/m²). Sur la partie gauche, les flèches A et I représentent les flux relatifs au rayonnement solaire. Les flèches B, C, D, E, F, G, H et J (partie de droite) représentent les flux relatifs au bilan énergétique (rayonnements infrarouges et chaleur sensible et d'évapotranspiration).

Les îlots de chaleur sont la manifestation du déséquilibre entre deux bilans, le bilan radiatif (faisant intervenir les différents rayonnement solaire et atmosphérique) et le bilan d'énergie (prenant en compte les différents flux de chaleur). Ces deux bilans varient selon l'échelle d'étude considérée, de la micro échelle à la méso échelle.

2.3.1   Bilan radiatif

Le bilan radiatif peut être réalisé selon plusieurs échelles qui seront présentées au cours de cette section. Seuls le rayonnement d'origine solaire (0,3-3 µm) et le rayonnement infrarouge thermique (3-100 µm) émis par la surface du sol entrent dans l'expression du bilan radiatif. Une grande partie du flux d'énergie solaire se trouve dans le domaine de longueur d'onde compris entre 0,3 et 4 µm alors que celui de la surface terrestre est compris entre 3 et 100 µm. Ces deux domaines sont appelés les domaines de courtes et de grandes longueurs d'onde (Cayrol, 2000) (Figure 1.13).

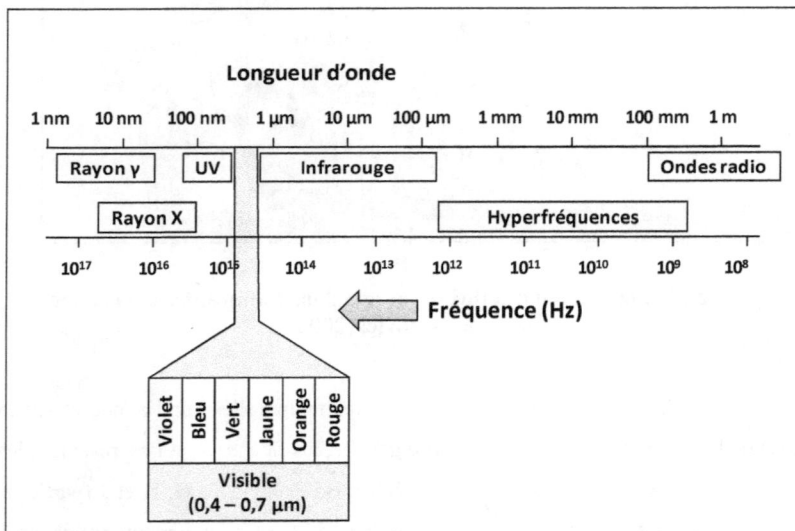

Figure 2.13 Spectre du rayonnement électromagnétique.
Tirée de Guyot (1999)

À l'échelle urbaine

Le bilan radiatif d'un milieu urbain est la somme des flux incidents de courtes et de grandes longueurs d'onde absorbés par le tissu urbain soustrait à l'émission de grande longueur d'onde sur les surfaces. Les flux de grandes longueurs d'onde définissent les échanges de chaleur entre l'environnement urbain et la voûte céleste.

L'équation 1.8 définit le bilan radiatif à la surface de la Terre (Oke, 1978).

$$R_n = (I_b + I_d) \cdot (1 - a) - I_1 \uparrow + I_1 \downarrow \tag{1.8}$$

Où :

R_n Rayonnement net (toutes longueurs d'onde) (en W/m²)

I_b Rayonnement solaire direct à la surface de la Terre de courtes longueurs d'onde (de 0,4 à 1 μm) (en W/m²)

I_d Rayonnement solaire diffus à la surface de la Terre de courtes longueurs d'onde (de 0,4 à 1 μm) (en W/m²)

a   Albédo moyen de la ville (réflectivité moyenne de courte longueur d'onde) (sans unité, valeurs comprises entre 0 et 1)

$I_1 \uparrow$ Rayonnement de grande longueur d'onde (de 5 à 80 μm, domaine de l'infrarouge) émis par la ville (en W/m²)

$I_1 \downarrow$ Rayonnement de grande longueur d'onde (de 5 à 80 μm, domaine de l'infrarouge) absorbé par la ville (en W/m²)

Selon Monteith (2001), le rayonnement atmosphérique de grandes longueurs d'onde $I_1 \downarrow$ peut être extrapolé selon l'équation 1.9.

$$I_1 \downarrow = 213 + 5,5 \times T_{air} \tag{1.9}$$

Où :

T_{air} Température de l'air (en °C)

Le flux de grande longueur d'onde semble être de même ordre en ville qu'à la campagne. Ce sont les flux de courtes longueurs d'ondes qui diffèrent de 5 à 50 W/m^2 entre les deux milieux et semblent corrélés à l'îlot de chaleur urbain (Oke, 1987). En effet, le rayonnement de grandes longueurs d'ondes absorbé par la ville (c'est-à-dire le rayonnement atmosphérique) est plus élevé que pour la campagne du fait de la présence de polluants qui « ferment » la fenêtre atmosphérique. En ce qui concerne le rayonnement émis par la ville (c'est-à-dire le rayonnement terrestre), il est plus faible en ville du fait du facteur géométrique qui l'emprisonne. Par contre, ce dernier est plus élevé la nuit du fait de la différence entre la température du milieu urbain comparativement au milieu rural. Le rayonnement net est la quantité d'énergie radiative disponible à la surface terrestre et pouvant être transformée en d'autres formes d'énergie par divers mécanismes physiques ou biologiques de la surface (Bonn et Rochon, 1992).

À l'échelle de la surface

Tout corps ou tout objet ayant une température supérieure à 0 K va émettre de l'énergie sous forme de radiations. La relation entre la température de l'objet et sa radiation est exprimée par l'équation 1.10 de Stefan-Boltzman :

$$E = \sigma \times T_s^4 \qquad\qquad (1.10)$$

Où :

E   radiation émise par l'objet (en W/m^2)

σ constante de Stefan-Boltzmann (en $W/m^2/K^4$), égale à $5{,}76\,10^{-8}$ $W/m^2/K^4$

T_s température de surface (en K)

En utilisant l'équation de Stefan-Boltzman, le bilan radiatif rapporté à une surface devient (Ringenbach, 2004) :

$$R_n = (1-a) \cdot R_g + (1-\rho_S) \cdot R_a - \varepsilon_S \cdot \sigma \cdot T_S^4$$ (1.11)

Où :

R_n rayonnement net (en W/m²)

a   Albédo (sans unité, valeurs comprises entre 0 et 1)

R_g rayonnement solaire global de petite longueur d'onde décomposé en rayonnements direct et diffus (en W/m²)

ρ_s coefficient de réflexion thermique (sans unité, valeurs comprises entre 0 et 1)

R_a rayonnement thermique (capacité à renvoyer du chaud ou du froid à l'état d'ondes) incident de grande longueur d'onde émis par l'atmosphère (en W/m²)

ε_s émissivité (sans unité, valeurs comprises entre 0 et 1)

σ constante de Stefan-Boltzmann (en W/m²/K⁴), égale à $5,76 \cdot 10^{-8}$ W/m²/K⁴

T_s température de surface (en K)

Le rayonnement absorbé par un objet ou une surface correspond, dans cette équation, au rayonnement net. Le rayonnement atmosphérique infrarouge reçu au sommet de la canopée urbaine contribue à un apport énergétique supplémentaire pour les zones urbaines par rapport aux zones rurales alentours. Dans le cas de la ville de Montréal, cet écart entre les deux milieux peut varier de 7 à 70 W/m² (Oke et Fuggle, 1972; Pigeon, 2007). Cet écart correspond à un pourcentage d'apport énergétique supplémentaire de 2 à 25 %.

L'équation 1.9 montre que la quantité d'énergie stockée par une surface urbaine est directement liée à son albédo, son coefficient de réflexion thermique ainsi qu'à son émissivité.

2.3.2 Bilan d'énergie

Comme le bilan radiatif, le bilan d'énergie peut être abordé selon différentes échelles qui seront développées dans cette section.

À l'échelle d'une surface

Un deuxième type de bilan régit les échanges de chaleur au sein d'un milieu, il s'agit du bilan d'énergie. Les composantes de cette équation sont présentées schématiquement par la Figure 1.14.

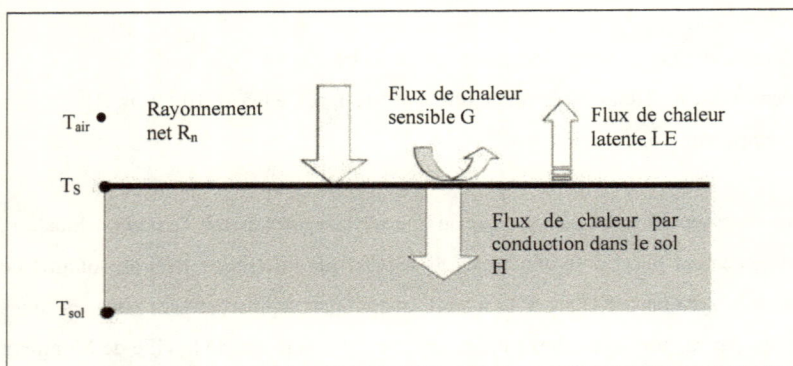

Figure 2.14 Transfert de flux en surface.
Adaptée de Musy (2007)

À l'échelle surfacique, le bilan d'énergie se définit selon l'équation 1.12 :

$$R_n = H + LE + G \qquad (1.12)$$

Où :

R_n rayonnement net (en W/m^2)

G   flux de chaleur sensible (en W/m^2)

LE   le flux de chaleur latente (évaporation et évapotranspiration) (en W/m^2)

H   flux de chaleur dans le sol (transfert de conduction dans le sol) (en W/m^2).

À l'échelle urbaine

L'existence d'îlots de chaleur résulte également de la modification du bilan d'énergie en ville comparativement à la campagne (augmentation de la chaleur anthropique, diminution du flux de chaleur latente). Une partie de l'énergie nette arrivant à la surface sert à réchauffer le sol par conduction, une autre à l'évaporation de l'eau, une autre à modifier l'atmosphère par convection, et une autre pour les processus photochimiques de l'assimilation chlorophyllienne des végétaux. Ce bilan d'énergie en campagne est défini selon l'équation 1.13, en supposant que le rayonnement net R_n est égal à ce même rayonnement dans l'équation du bilan radiatif dans le même milieu.

$$R_n + F = H + LE + G \qquad (1.13)$$

Où :

R_n rayonnement net (en W/m^2)

H   flux de chaleur sensible (en W/m^2)

LE   flux de chaleur latente (en W/m^2)

G   flux de chaleur dans le sol et les bâtiments (en W/m^2) (correspondant à la

quantité d'énergie stockée dans le sol et les matériaux, dépendant de leur
caractéristique à transmettre et à stocker de l'énergie)

F   flux de chaleur anthropique (en W/m^2)

Oke, en 1988, définit le bilan énergétique à grande échelle, sur des zones urbaines
selon l'équation 1.14 :

$$R_n + F = H + LE + \Delta QS + \Delta QA + P \qquad (1.14)$$

Où :

R_n rayonnement net (en W/m^2)

F   flux de chaleur anthropique (en W/m^2)

H   flux de chaleur sensible (en W/m^2)

LE   flux de chaleur latente (en W/m^2)

ΔQS stockage de chaleur. Oke (1987) désigne la variation par unité de temps
de la
quantité d'énergie interne du volume de contrôle rapportée à la surface
horizontale de celui-ci (en W/m^2)

ΔQA stockage des termes d'advection (en W/m^2)

P   termes « puits » supplémentaires (Offerle et *al.*, 2005)

Le terme P désigne la perte de chaleur qui a lieu lorsque l'eau de pluie se réchauffe
au contact d'une surface et qu'elle est évacuée par les réseaux d'égouts (Offerle et
al., 2005).

Le terme de chaleur anthropique peut être détaillé selon l'équation 1.15 (Pigeon,
2007).

$$F = FV + FH + FM \qquad (1.15)$$

Où :

FV   chaleur anthropique générée par les voitures (en W/m^2)

FH   chaleur anthropique générée par les Hommes (en W/m^2)

FM   chaleur anthropique générée par les industries (en W/m^2)

Sailor et Lu (2004) évaluent le terme de chaleur anthropique due à la circulation automobile suivant l'équation 1.16.

$$FV = D_m \times F(h) \times \rho_{pop}(h) \times E \qquad (1.16)$$

Où :

D_m distance moyenne parcourue par personne et par jour (en m)

F(h)   fonction normalisée qui représente la charge horaire de trafic (en %)

$\rho_{pop}(h)$ densité de population horaire pour une certaine zone de la ville (en s^{-1}m^{-2})

E   énergie utilisée par mètre de trajet (J/m)

La chaleur anthropique est différente pour chaque ville, dépendamment du nombre et des types d'industries implantées au sein d'une ville, et ne sera donc pas approximée dans ce mémoire.

En ce qui concerne les valeurs de FH, il s'agit d'une estimation à partir de valeurs statistiques sur le dégagement moyen de chaleur par personne en fonction de son activité physique. Deux valeurs sont utilisées pour simplifier, une pour le jour de 175 W et une pour la nuit de 75 W par personne (Pigeon, 2007). En utilisant la densité de population d'une ville ou d'un quartier, il est donc simple d'en déduire une approximation de cette valeur.

Garratt (1992) a défini le flux de chaleur sensible H de l'équation 1.13 et de l'équation 1.14, exprimé en W/m^2 selon l'équation 1.17 :

$$H = \frac{\rho \cdot C \cdot (T_s - T_a)}{r_a} \qquad (1.17)$$

Où :

T_s température au sol (en K)

T_a température de l'air (en K)

ρ masse volumique de l'air (en kg/m^3)

C capacité de chaleur de l'air à pression constante (en J/kg/K)

r_a résistance aérodynamique de l'air (en s/m) (fonction de la vitesse du vent et du régime turbulent de la surface)

H dépend donc des gradients de température et des caractéristiques de la masse d'air et est très variable (il varie entre 20 et 75 % du rayonnement net) (Ringenbach, 2004). Oke (1987) a étudié le flux de chaleur dans le sol et les bâtiments qu'il définit selon l'équation 1.18 :

$$G = -K \cdot \frac{(T_2 - T_1)}{(z_2 - z_1)} \qquad (1.18)$$

Où :

K conductivité thermique du sol (W/m/K); le signe – indique le transfert dans la direction de la température décroissante

T_1 température moins chaude (en K)

T_2 température plus chaude (en K)

z_1, z_2 niveau de T_1 et T_2 respectivement (en m)

Le bilan énergétique de surface (*Surface Energy Balance SEB* en anglais) qui donne une idée de la chaleur générée et contenue par un espace, peut aider à comprendre la chaleur générée par différentes sources.

Le calcul des différents termes des équations et bilans n'est pas facile à obtenir, puisque plusieurs d'entre eux varient non seulement au cours de la journée mais dépendent également des conditions des variables contrôlables. Dès lors, les valeurs utilisées sont des valeurs moyennes (Martin, 2008).

2.4 Mesures atténuant les îlots de chaleur

En observant les différents bilans énoncés ci-dessus, de nombreuses solutions sont envisageables pour les influencer à l'échelle de la ville. Les solutions généralement proposées tentent de rééquilibrer les bilans comparativement aux milieux ruraux. Cette partie énumère de manière exhaustive, les solutions communément employées en milieu urbain afin d'atténuer les îlots de chaleur, sans s'attarder à développer les bilans énergétique et radiatif. Elle a pour but de formaliser l'information.

Diverses mesures peuvent être mises en œuvre pour minimiser l'intensité des îlots de chaleur. Les mesures envisageables peuvent être classées selon quatre catégories :

- végétalisation;
- infrastructures urbaines;
- réduction de la chaleur anthropique;
- gestion des eaux de pluie et perméabilité des sols.

La présentation et le développement de ces différentes catégories s'inspirent des travaux de Giguère (2009) réalisés pour le compte de l'Institut national de la santé publique du Québec. L'objectif des actions menées pour lutter conte les îlots de chaleur est de se rapprocher au maximum des milieux dits naturels. Dès lors, la fonction des mesures consiste à minimiser l'emmagasinement et la rétention de l'énergie par les infrastructures urbaines.

2.4.1   Végétalisation

L'approche par végétalisation des espaces urbains est certainement l'une des mesures les plus pratiquées actuellement. Par mimétisme avec le milieu rural de référence, cette approche vise à redonner de l'espace aux végétaux. Dans ce contexte, les actions entreprises peuvent prendre plusieurs formes, comme l'implantation de parcs ou d'arbres, ou encore de toits verts (Figure 1.15) ou de murs végétalisés.

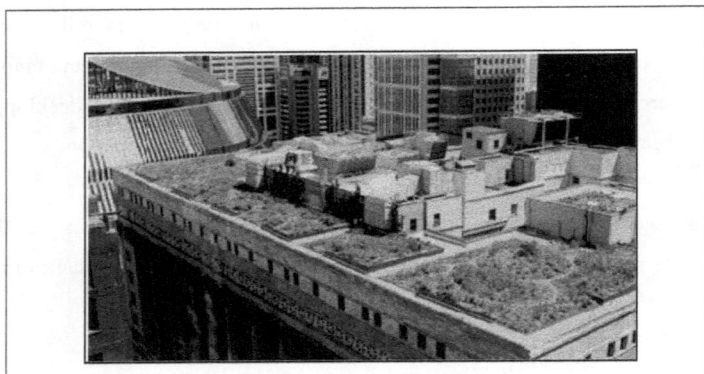

Figure 2.15 Exemple d'un toit vert à Chicago, Mark Farina
Tirée de Fehrenbacher (2005)

Une canopée légère capte de 60 à 80 % des rayons solaires alors qu'une canopée dense en capterait jusqu'à 98 % (Vergriete et Labreque, 2007). La végétalisation agit sur la température de plusieurs manières. Tout d'abord, son albédo étant plus élevé, elle réfléchit les rayons du soleil davantage que les toits, les murs ou les surfaces des infrastructures urbaines, connus pour avoir une grande capacité d'absorption. Une étude allemande citée par Peck, Taylor et Conway (1999) prétend qu'en convertissant seulement 5 % de tous les toits et murs d'une ville en parois végétalisées, on obtiendrait un climat urbain sain. La réduction de

47

l'évapotranspiration sur les surfaces dans la ville produit plus de chaleur sensible et moins de chaleur latente qu'à la campagne, ce qui a un grand impact au niveau du bilan d'énergie en ville.

De plus, l'implantation de végétation permet d'absorber une partie des polluants présents dans l'air (particules en suspension). Elle permet ainsi de diminuer l'effet de serre et le « dôme » présent en milieu urbain qui contribue à emprisonner la chaleur dans la canopée, ce qui permettra de favoriser les flux de chaleur avec le milieu atmosphérique. Par ailleurs, les espaces verts peuvent contribuer à un gain au niveau social, sur le moral des gens par exemple. Ils permettent également de retenir des eaux destinées au ruissellement. En ce qui concerne la végétation plus « ponctuelle », un arbre adjacent à un domicile peut faire augmenter la valeur de la propriété de 3 à 19 % (Shoup, 1996).

2.4.2   Infrastructures urbaines

Les infrastructures urbaines (routes, trottoirs, stationnements) peuvent constituer jusqu'à 45 % de la surface des espaces urbains (USEPA, 2008b). Les matériaux utilisés dans leur construction ont des propriétés qui provoquent le stockage de la chaleur au sein d'un milieu urbain (faible albédo). La majeure partie est réalisée en asphalte, noir, qui en plus de diminuer l'albédo, augmente l'imperméabilisation du milieu. Des matériaux alternatifs peuvent minimiser le phénomène. Le but de l'implantation de techniques alternatives est de se rapprocher au mieux des milieux dits naturels, c'est-à-dire des surfaces perméables, végétalisées, pouvant réfléchir au maximum les rayons solaires sans les transformer en chaleur.

Tout d'abord, l'asphalte peut être moins tassé afin de diminuer l'imperméabilisation de surface. Pour le gravier, le composant peut être blanc plutôt que traditionnellement sombre. L'asphalte peut également être coloré et le liant, généralement du bitume, peut être d'origine végétale. Le béton peut également être de couleur claire, il peut être modifié pour améliorer sa perméabilité, afin d'augmenter le flux de chaleur latente dû à l'évaporation, en cas de pluie notamment. L'albédo des surfaces peut être augmenté par l'implantation de gravier réfléchissant (Figure 1.16) ou par l'utilisation de couleurs ou de peintures réfléchissantes par exemple (Figure 1.17).

Figure 2.16 Gravier réfléchissant.
Tirée de CRE-Montréal (2008)

**Figure 2.17 Utilisation de peintures réfléchissantes dans une cours d'école,
Montréal.**
Tirée de CRE-Montréal (2008)

Une intervention « indirecte » est envisageable, en créant de l'ombre par végétation ou en implantant des pare-soleils empêchant les rayons du soleil de frapper les surfaces asphaltées ou bétonnées. En ce qui concerne les stationnements, l'implantation de treillis ou de membranes recouvertes de granulats ou de végétation (Figure 1.18) permet de diminuer l'imperméabilisation de ces espaces, permettant l'absorption de l'eau de pluie qui joue un rôle sur le processus d'évaporation et l'augmentation de l'albédo.

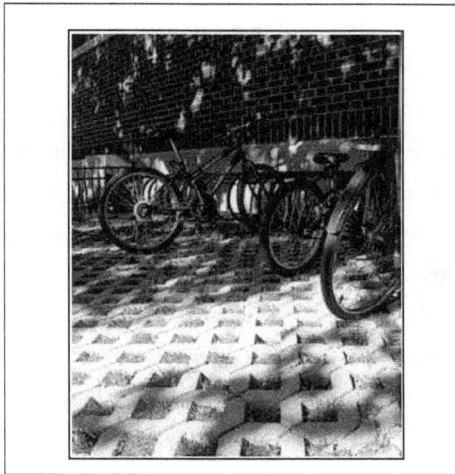

Figure 2.18 Stationnement de vélos sur pavés alvéolés
Tirée de CRE-Montréal (2008)

2.4.3   Réduction de la chaleur anthropique

La chaleur anthropique peut être produite par diverses activités, soit au sein du bâtiment ou encore par le parc automobile en milieu urbain. Plusieurs interventions visant à leur réduction sont envisageables.

Au sein d'un bâtiment, certains appareils peuvent être une source de production de chaleur. C'est le cas des appareils de bureautique, électroménagers, lampes ou systèmes de climatisation (Salomon et Aubert, 2004). Les lampes halogènes et à incandescence sont donc à éviter en été puisqu'elles produisent beaucoup plus de chaleur que les autres types. Il faut chercher à maximiser l'utilisation de lumière naturelle, soit dès la conception du bâtiment soit par la suite en ajustant le flux de chaleur lumineux en fonction de l'éclairage naturel ou par la présence de détecteurs de présence. En ce qui concerne les appareils électroménagers, une bonne efficacité énergétique est recommandée, ainsi que leur arrêt et leur débranchement lorsqu'ils ne sont pas utilisés.

Les sources de chaleur anthropique peuvent être également diminuées en limitant le transport sur la base par exemple d'une politique de transport en commun ou de mode de transports doux (vélos, etc.). Pour cela, une bonne planification du transport est essentielle (Coutts *et al.*, 2008). Plusieurs actions sont à envisager comme la restriction de l'accès des véhicules en ville, la diminution du nombre de stationnements, l'instauration de la circulation alternée en cas d'épisode de forte chaleur ou encore le développement de réseaux de covoiturage.

2.4.4 Gestion de l'eau de pluie

Le taux d'humidité des sols est un facteur jouant sur l'atténuation des îlots de chaleur urbains. En effet, Lakshmi *et al.* (2000) et Donglian et Pinker (2004) ont montré que les sols humides ont des capacités de rafraîchissement semblables à celles de la végétation, ce qui diminue leur température de surface et donc la température de l'air au voisinage du sol. Ce processus provient de l'évaporation de l'eau présente dans le sol.

Afin d'assurer l'alimentation en eau des sols des milieux urbains, plusieurs pratiques qui ont trait à la gestion durable des eaux pluviales existent. Ces solutions passent par l'implantation d'arbres et de toits verts qui influencent la capacité de rétention d'eau de pluies ou l'utilisation de revêtements perméables. Ce type de revêtements permet à l'eau de percoler à travers le pavé et favorise une infiltration profonde. Il peut s'agir de dalles imperméables disposées les unes contre les autres et permettant à l'eau de pluie de percoler dans les joints perméables, des dalles ou revêtements de béton poreux permettant à l'eau de pénétrer ou encore des structures permettant l'engazonnement de type alvéolé (Figure 1.18). Diverses techniques permettant d'emmagasiner l'eau de pluie sont également possibles comme les bassins de rétention, les tranchées de rétention, les puits d'infiltration.

2.5   Synthèse

Le contexte présenté au cours de ce chapitre montre que les îlots de chaleur sont des phénomènes dont la définition reste floue et dont les études se limitent généralement à leur observation. La complexité des interactions entre les causes des ICU ne permet actuellement pas de spécifier l'apport de certaines caractéristiques ou de certains procédés sur l'intensité du phénomène. De plus, lors de prises de décisions sur un projet urbain, quelle que soit l'échelle d'intervention (quartier ou bâtiment), les critères décisionnels prennent rarement en considération l'impact d'un projet sur les îlots de chaleur de manière quantitative et se limitent aux impacts relatifs au bien-être des populations. La méthodologie présentée au chapitre suivant permet de présenter une approche permettant d'étudier l'influence de scénarios sur les îlots de chaleur ainsi que son intégration dans une analyse de la satisfaction qui prend en compte différents critères ou points de vue.

CHAPITRE 3

MÉTHODOLOGIE

Plusieurs mesures peuvent être mises en œuvre afin de lutter contre les îlots de chaleur. Elles peuvent être entreprises individuellement ou conjointement afin d'entraîner une synergie positive face au phénomène. Si les mesures peuvent être appréhendées sous l'angle de leur effet sur la lutte aux ICU, il ne demeure pas moins que leur sélection doit également prendre en considération des critères plus larges tels que leur effet sur la gestion des eaux de ruissellement, la réglementation municipale ou encore l'acceptabilité sociable.

La méthodologie présentée dans ce chapitre est développée selon trois volets. Le premier repose sur le calcul du stockage d'énergie d'un milieu urbain. Le deuxième volet vise le développement de critères et de l'analyse de la satisfaction permettant de comparer différents scénarios. Le troisième volet méthodologique repose sur les principes associés au développement d'un outil d'aide à la prise de décision facilitant le processus d'évaluation de différents scénarios applicables au milieu urbain à l'étude.

3.1   Bilan des énergies

Le milieu urbain peut être abordé comme un système composé de plusieurs éléments (bâtiments, infrastructures urbaines, espaces verts, etc.) interagissant avec le milieu « extérieur » (campagne, système atmosphérique, autres systèmes urbains, etc.). La Figure 2.1 illustre, sous une forme simplifiée, le système urbain à l'étude avec les flux énergétiques entrant et sortant.

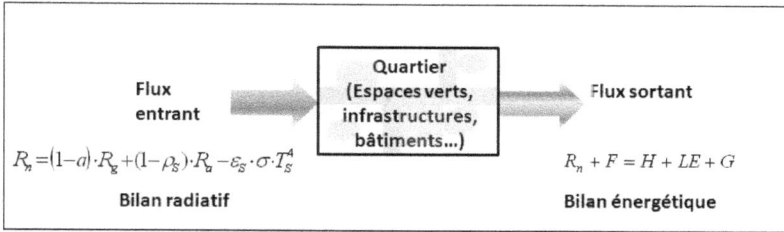

Figure 3.1 Système urbain et échanges énergétiques

Sous l'angle des îlots de chaleur, le système « milieu urbain » avec ses composantes (espaces verts, bâtiments, infrastructures, etc.) agit comme un environnement capable d'emmagasiner de l'énergie en journée et de restituer celle-ci en soirée sous forme de chaleur. Les flux d'énergie entrant et sortant peuvent être appréhendés, respectivement par le bilan radiatif (équation 1.11) et le bilan énergétique (équation 1.13) rappelés ci-après. Ainsi, la différence entre les deux bilans représente l'énergie emmagasinée potentiellement restituable sous forme de chaleur, créant ainsi l'ICU.

$$R_n = (1-a) \cdot R_g + (1-\rho_S) \cdot R_a - \varepsilon_S \cdot \sigma \cdot T_S^4 \qquad (1.11)$$

Où :

R_n rayonnement net (en W/m^2)

a albédo (sans unité, valeurs comprises entre 0 et 1)

R_g rayonnement solaire global de petite longueur d'onde décomposé en rayonnements direct et diffus (en W/m^2)

ρ_s coefficient de réflexion thermique (sans unité, valeurs comprises entre 0 et 1)

R_a rayonnement thermique (capacité à renvoyer du chaud ou du froid à l'état d'ondes) incident de grande longueur d'onde émis par l'atmosphère (en W/m^2)

ε_s émissivité (sans unité, valeurs comprises entre 0 et 1) σ   constante de Stefan-Boltzmann (en $W/m^2/K^4$), égale à $5{,}76{\cdot}10^{-8}\ W/m^2/K^4$

T_s température de surface (en K)

$$R_n + F = H + LE + G \qquad (1.13)$$

Où :

R_n rayonnement net (en W/m^2)

H   flux de chaleur sensible (en W/m^2)

LE   flux de chaleur latente (en W/m^2)

G   flux de chaleur dans le sol et les bâtiments (en W/m^2) (correspondant à la quantité d'énergie stockée dans le sol et les matériaux, dépendant de leur caractéristique à transmettre et à stocker de l'énergie)

F   flux de chaleur anthropique (en W/m^2)

Afin de réaliser les différents calculs, en fonction des différentes solutions considérées, les valeurs d'albédo, de coefficient de réflexion thermique et d'émissivité utilisées sont prises selon les données exposées au cours du premier chapitre de ce mémoire (pour la réalisation du bilan radiatif). L'unité de ce bilan correspond à des W/m^2. Afin de le rapporter à l'échelle du quartier, le rayonnement net est multiplié par la surface de la solution considérée et est ramené à la surface du quartier d'étude. Dans le but d'observer l'influence d'un scénario en termes de bilans, l'échelle d'étude utilisée est celle du quartier. Plus le quartier sera de petite taille, plus il sera facile de comparer les solutions en terme de bilans puisque les scénarios développés ont un effet plus significatif à ce niveau d'échelle.

En ce qui concerne le bilan d'énergie, les paramètres observés sont l'énergie d'évapotranspiration et l'énergie anthropique. Le premier terme dépend de la quantité d'espaces verts présents au sein d'un quartier. Le calcul de l'énergie d'évapotranspiration est réalisé grâce aux équations présentées au cours du chapitre précédent, et les paramètres seront ajustés au lieu géographique du milieu d'étude.

Chaque solution peut avoir un impact sur la production de chaleur anthropique. Un facteur correctif, évaluant l'influence de chacune sur le bilan global anthropique, est attribué aux techniques, en considérant que la valeur moyenne d'énergie anthropique par habitant est connue selon la ville d'intervention. Ce facteur correctif multiplié par le flux de chaleur initial sans intervention permettra d'obtenir une nouvelle valeur de flux de chaleur anthropique, selon l'intervention considérée.

Cette démarche méthodologique permet d'obtenir une comparaison en termes d'efficacité contre les ICU de scénarios de solutions. Afin d'intégrer les critères importants et généralement analysés au cours d'une prise de décision au sein d'un milieu urbain, l'analyse de la satisfaction a été utilisée comme outil d'aide à la prise de décision.

3.2   Analyse de la satisfaction

La méthode utilisée afin de comparer les différents scénarios préalablement définis est celle de l'analyse de la satisfaction (Hausler, Hade et Béron. 1994). Ce type d'analyse doit être réalisé en plusieurs étapes. Tout d'abord, une liste de critères est établie afin d'analyser les différents scénarios. Ces critères sont identifiés par les acteurs du projet d'étude, selon leur pertinence dans son développement et sont classés selon trois principales catégories (technique, environnement et social). Ces critères sont alors pondérés par consensus entre les acteurs du projet en fonction de l'importance qu'ils veulent leur donner, pondération allant de 1 à 10, 10 étant le degré d'importance le plus élevé. Chaque scénario préalablement établi est alors noté selon chaque critère, par l'intervention d'experts. L'analyse des scénarios se basent donc sur l'expertise des intervenants (architectes, ingénieurs, citoyens, *etc.*) de chaque secteur (technique, environnement, social). En ce qui concerne l'impact des scénarios dans la lutte aux îlots de chaleur, le calcul de l'emmagasinement de l'énergie sera proposé et permettra d'en appuyer les notes. Le scénario obtenant le degré de satisfaction le plus élevé (en prenant en considération l'importance de chaque critère et l'évaluation des scénarios en fonction de ces critères) sera celui répondant le mieux aux besoins et attentes des différents acteurs du projet.

Afin de faciliter l'analyse de scénarios et gérer de manière organisée l'information, un outil d'aide à la prise de décision a été développé et est présenté dans la section suivante.

3.3   Développement de l'outil d'aide à la prise de décision

Fondamentalement, la structure de l'outil est organisée sous forme de modules définissant les différentes entités du processus décisionnel. Chaque module se caractérise par une interface utilisateur facilitant la saisie des données et la visualisation des informations. Les interfaces sont associées à des bases de données « objet » qui définissent le catalogue des informations pertinentes et nécessaires pour les calculs et le cheminement du processus décisionnel (Glaus, 2003). Le développement de l'outil a été réalisé sur la plate forme Revolution® qui se caractérise par un langage de programmation de troisième génération tel que C/C++/Java et la possibilité de développer des interfaces interactives. La Figure 2.2 présente la structure organisationnelle des données.

Introduction

Définition du projet et du quartier

Premier et deuxième tris

Matrice de solutions

Calcul des bilans

Données de rayonnements

Données de solutions

Analyse de la satisfaction

Choix de scénarios   Coût

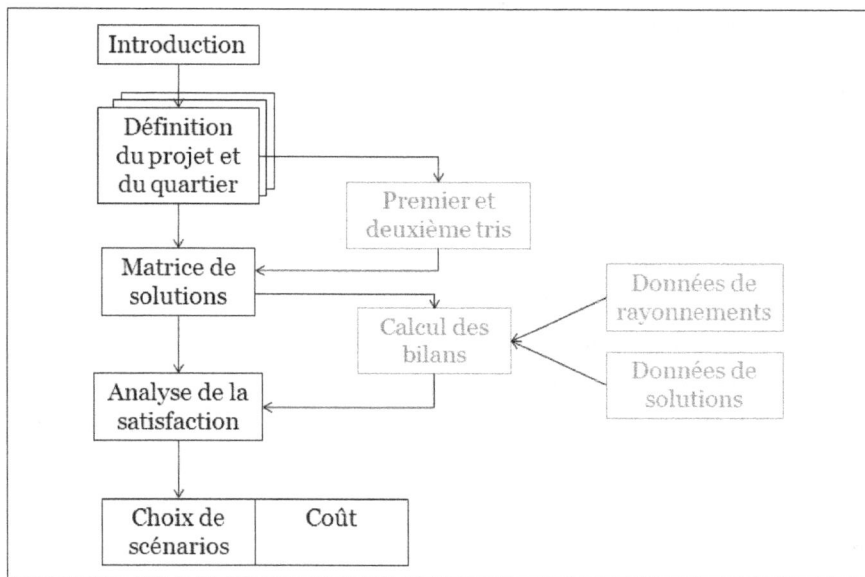

Figure 3.2 Structure de l'outil

Plus spécifiquement, la structure organisationnelle est de type arborescent. Afin que l'outil soit attrayant, facile d'utilisation et de compréhension, sa présentation a été séparée en plusieurs « fiches » que l'utilisateur devra suivre, afin de déterminer les diverses possibilités.

3.3.1   Premières analyses

La fiche « Projet » permet de connaître les données spécifiques au quartier d'étude telles que sa superficie, les données relatives à la présence de végétation ainsi qu'au rayonnement. Avant toute analyse, plusieurs vérifications sont nécessaires. Tout d'abord, l'utilisateur peut travailler à différentes échelles (bâtiment et/ou infrastructure urbaine) afin d'éliminer les solutions qui ne correspondent pas au projet considéré. Par la suite, grâce aux caractéristiques spécifiques du bâtiment, ou de l'infrastructure, un second tri a lieu dans le but d'éliminer les solutions irréalisables, pour cause d'une structure insuffisante pour « accueillir » la solution. Les valeurs limites (largeurs de trottoirs, largeur nécessaire à l'implantation d'arbres ou de pistes cyclables, etc.) peuvent varier d'une ville à l'autre, d'un pays à l'autre, selon leur législation urbanistique.

3.3.2   Fiche d'identification des solutions possibles

Une fois ces premiers tris effectués, l'utilisateur est amené à choisir les solutions qui semblent pertinentes à son projet. Il est pour cela dirigé vers la fiche « Matrice des solutions » qui lui permet d'avoir une meilleure vision des possibilités. Les solutions irréalisables suite aux premiers tris apparaissent en grisée, les rendant non-sélectionnables. Il est ainsi en mesure de choisir une ou (idéalement) plusieurs solutions, afin de les comparer grâce à l'analyse de la satisfaction.

Chacune des solutions aura des propriétés différentes selon les matériaux utilisés. Ces données seront regroupées dans une banque de données et ont été exposées au premier chapitre de ce mémoire.

3.3.3   Banques de données des solutions

Une fiche de données des solutions permet de répertorier au sein de l'outil informatique les différentes caractéristiques des matériaux agissant sur les bilans énérgétiques et radiatifs exposés précédemment. Cette banque de données permet d'enregistrer et de conserver les valeurs spécifiques de chaque élément associé aux caractéristiques de chaque solution envisagée. Elle n'empêche pas pour autant une modification, un rajout et une modification qui permettrait l'évolution et/ou la mise à jour de nouvelles solutions.

3.3.4   Résultats

Les propriétés des matériaux de chaque solution sont prises en considération pour le calcul du bilan radiatif (Équation 1.11)

$$R_n = (1-a) \cdot R_g + (1-\rho_S) \cdot R_a - \varepsilon_S \cdot \sigma \cdot T_s^4 \qquad\qquad (1.11)$$

Les rayonnements intervenant dans cette équation, à savoir les rayonnements solaires global R_g et atmosphérique R_a ainsi que la température de surface T_s sont considérés comme constants pour les mois d'étude. Ce calcul permet d'obtenir des résultats exprimés en W/m² de surface de solution. Afin d'étendre le calcul à l'échelle du quartier d'étude, la valeur du rayonnement net R_n à l'échelle de la ville est utilisée. De nombreuses études en fournissent les valeurs. En utilisant ce type de données et le résultat du bilan pour la solution ainsi que les différentes valeurs de superficie fournies par l'utilisateur, il est possible de réaliser le bilan à échelle globale du quartier comme le montre l'équation 2.1.

$$R_n = \frac{R_{n\_solution} \times S_{solution} + R_{n\_quartier} \times (S_{quartier} - S_{solution})}{S_{quartier}} \qquad (2.1)$$

Où :

R_n	rayonnement net (en W/m² de quartier avec intervention)
$R_{n\_solution}$	rayonnement net de la solution (en W/m² de solution)
$R_{n\_quartier}$	rayonnement net du quartier sans intervention (en W/m² du quartier sans intervention)
$S_{solution}$	superficie relative à l'implantation de la solution (en m²)
$S_{quartier}$	superficie du quartier (en m²)

En ce qui concerne le bilan énergétique, seule l'influence des solutions sur le flux de chaleur anthropique et le flux de chaleur sensible est étudiée. Chacune d'elle est affectée d'un coefficient d'influence sur le flux de chaleur anthropique. En multipliant ce flux à l'échelle du quartier par ce coefficient, la nouvelle valeur obtenue représente le nouveau flux de chaleur anthropique grâce à l'implantation de la solution à l'échelle du quartier. Pour le flux de chaleur latente, seule l'évapotranspiration, due à la végétation est étudiée. Pour chaque solution faisant intervenir des surfaces végétalisées, les valeurs obtenues sont exprimées en W/m^2 d'espaces verts implantés par une solution particulière. Dans le cas de plantation d'arbres, le calcul est différent et dépend du nombre implanté et de la quantité d'eau évaporé par un arbre. Il s'agit alors de ramener ces données sur la superficie totale du quartier d'intervention. En ce qui concerne la valeur de flux de chaleur latente, il faut prendre en considération les espaces verts déjà présents au sein du quartier en plus de ceux implantés dans le cas spécifique d'un projet de verdissement. En utilisant donc les deux superficies (quartier et solution), le flux de chaleur latente à l'échelle du quartier dans sa globalité avec intervention sera obtenu.

3.3.5   Hypothèses de travail

Afin de réaliser cette étude, plusieurs hypothèses ont été posées et sont rappelées dans cette section. Dans le calcul des bilans énergétiques, les flux de chaleur dans le sol et les bâtiments ainsi que les flux de chaleur sensible ont été considérés comme constants. L'influence de chaque solution sur ces flux a été négligée, leur impact étant faible comparativement aux autres facteurs.

En ce qui concerne le calcul des bilans radiatifs, les différentes valeurs de rayonnement (global et atmosphérique) ainsi que la température de surface ont été considérées comme fixes. L'étude présentée a observé le résultat de ces bilans à une heure critique de la journée (c'est-à-dire à midi, lors d'une journée d'été ensoleillée sans nuage). C'est en effet à midi que la différence entre le flux entrant et le flux sortant est la plus grande. L'utilisation de valeurs moyennes n'influencera pas le résultat de la comparaison des scénarios envisagés, au niveau de l'amplitude des écarts entre les scénarios, mais ne fournira pas la valeur réelle de rayonnement net.

La différence entre les deux bilans (énergétiques et radiatifs) donnera le résultat exposé à l'utilisateur pour l'évaluation de la qualité de la solution pour le critère « Îlot de chaleur ». Grâce à ces valeurs, il est donc en mesure de peser l'efficacité d'une solution par rapport à une autre en termes de diminution du phénomène. L'étude de cas qui sera présenté ultérieurement à la section 3.3 permettra d'illustrer les différents calculs.

CHAPITRE 4

RÉSULTATS

L'application de la méthodologie amène au développement de l'outil informatique d'aide à la prise de décisions qui sera présenté au cours de ce chapitre. Une application sous forme d'étude de cas en illustrera le fonctionnement.

4.1 Description du milieu urbain

Afin d'illustrer la mise en œuvre de la méthodologie développée, son application pour un cas montréalais est proposée. Le choix s'est porté sur la ville de Montréal puisque de nombreux projets ont été menés dans l'optique de créer des îlots de fraîcheur permettant de former un microclimat local plus « doux ».

4.1.1 Choix du quartier

Sur la base de l'observation des zones à risques à Montréal (Figure 1.10; Guay, 2004) ainsi que de l'étude des projets d'îlots de fraîcheur réalisés à Montréal, le quartier d'étude choisi est celui de Saint-Stanislas, utilisé comme vitrine des diverses possibilités pour la création d'un îlot de fraîcheur. Le secteur regroupe plusieurs projets exemplaires de verdissement et d'aménagement utilisant des matériaux réfléchissants et perméables. Il vise à maximiser la présence de verdure sur les terrains privés et publics (trottoirs et ruelles). Il est délimité à l'est par la rue Fabre, à l'ouest par la rue de Brébeuf, au nord par la rue Laurier et au sud par l'Avenue Du Mont-Royal. Il est situé en plein centre du plateau Mont-Royal, quartier dense de

Montréal. La Figure 3.1 illustre les différentes interventions et les différents projets menés au sein du quartier.

01 Terrains des institutions, fosses de plantation; 02 Arbres majestueux et arbres fruitiers; 03 Bandes de propriété publique longeant le trottoir, arbres publics; 04 Toits réfléchissants, surfaces gazonnées; 05 Terrains des lieux d'habitation; 06 Balcons, escaliers, carrés d'arbres; 07 Terrains scolaires, revêtements imperméables (asphalte et béton); 08 Ruelles; 09 Toits verts, stationnements privés; 10 Chaussée publique; 11 Grands stationnements; 12 Commerces et industries.

Figure 4.1 Îlot de fraîcheur St-Stanislas : parcours virtuel
Tiré de CREMTL (2008)

Par ailleurs, le projet s'inscrit dans un projet de concertation et de participation des différents acteurs du quartier, que ce soit l'arrondissement (via l'Éco-quartier Plateau Mont-Royal et ses propres actions), des organismes communautaires (comme la Maison d'Aurore et Les petits frères des Pauvres), des institutions (comme l'église Saint-Stanislas et l'École Paul Bruchési) et des citoyens (pour la coopérative d'habitation Académie des Saints-Anges, pour les ruelles et les cours privées), ce qui cadre parfaitement avec la volonté de cette maîtrise de développer une conscience écologique globale.

> « Cette vitrine veut faire la démonstration qu'il est possible pour chacun de faire sa part pour contrer les îlots de chaleur, même dans un secteur densément bâti comme le Plateau. L'effet de synergie entre les différents intervenants du quartier permet de faire la différence. Résidents, commerçants, industries, écoles, églises et municipalités... tous doivent participer à la création d'un îlot de fraîcheur. » (Deny, CRE-Montréal, 2008).

4.1.2   Données du quartier

Le choix d'échelles s'est porté à deux niveaux : à l'échelle du bâtiment et à l'échelle des infrastructures urbaines. La comparaison des scénarios est réalisée selon les solutions disponibles à ces deux échelles. Un bâtiment spécifique a donc été sélectionné. Il s'agit du numéro 9 de la carte de la figure 3.1. En ce qui concerne l'infrastructure urbaine, la ruelle située en arrière du bâtiment 9 ainsi que la rue principale (rue de Lanaudière) située en avant de celui-ci sont sélectionnées pour étude. Le Tableau 3.1 dresse le récapitulatif des données relatives au bâtiment et à l'infrastructure choisis.

Tableau 4.1 Données de projet : bâtiment et infrastructure sélectionnés

	Bâtiment
Surface des murs (en m^2)	136
Surface du toit (en m^2)	278
Pente du toit (en $^\circ$)	0
Contrainte de couleur	Non
Superficie du terrain (en m^2)	5

	Infrastructure
Largeur des trottoirs (en m)	1
Largeur des routes (en m)	10
Longueur (en m)	66,7
Nombre de voies	2
Stationnement présent	Non
Densité de circulation	Faible
Espaces verts présents (en m^2)	0

Le quartier dans sa globalité a une densité de 12 430 habitants au km^2 (Ville de Montréal, 2009). La superficie totale est de 18,6 ha (délimitée par la zone rouge de la Figure 3.2) et celle des espaces verts pour la ville de Montréal, est considérée comme étant égale à 0,2 % de la superficie totale (donnée fournie par la Ville de Montréal).

Figure 4.2 Vue aérienne globale du quartier Saint-Stanislas.
Tirée de http://maps.google.ca

Tel qu'indiqué au chapitre 2, le quartier d'étude a été réduit afin d'extrapoler et analyser de manière plus précise. Il a été limité à un espace, représenté à la Figure 3.3, allant du boulevard Saint-Joseph, à la rue Gilford du nord au sud, et de la rue de Brébeuf à la rue Chambord d'ouest en est.

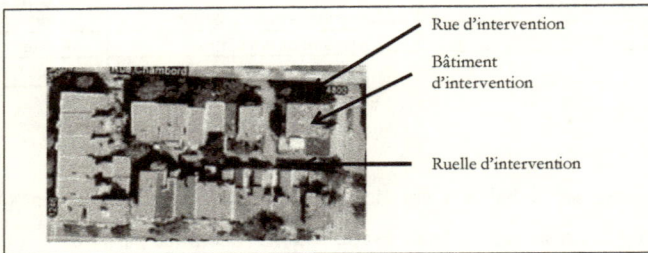

Figure 4.3 Vue aérienne de la zone d'étude.
Tirée de http://maps.google.ca

La superficie de cette portion de quartier est de 28,1 ha. La superficie d'espaces verts est évaluée à 1,0 % de la superficie totale en analysant l'image satellite. Les données utilisées pour les calculs sont résumées au Tableau 3.2.

Tableau 4.2 Données de quartier

Densité de quartier (en hab/km^2)	12 430
Superficie (en m^2)	28 125
Type de quartier	Residentiel
Superficie d'espaces verts (en m^2)	281

La latitude de Montréal étant de 45°, l'ANNEXE I permet d'obtenir les valeurs de rayonnement extra-terrestre R_a et l'ANNEXE II la durée astronomique du jour N (en heures) selon les données de la FAO afin de calculer le flux de chaleur d'évapotranspiration (Musy, 1999). En ce qui concerne les valeurs de températures de l'air T_a, d'humidité relative HR et d'insolation effective n, *Environnement*

67

Canada fournit les valeurs les plus élevées à chaque mois de l'année. Le Tableau 3.3 présente les valeurs pour les mois de juillet et août.

Tableau 4.3 Données de quartier nécessaires au calcul de l'ETM

Variables ou paramètres	Juillet	Août
R_a (W/m^2)	114,1	125,5
N (en h)	15,4	14,2
n (en h)	8,9	7,6
k_c	1,25	1,25
T_a (°C)	22,3	20,8
HR (en %)	56,3	58,3

Comme l'indique la méthodologie présentée au chapitre 2, deux tris ont lieu avant toute forme d'analyse. Pour une action sur une infrastructure urbaine, il est important d'en vérifier la largeur pour valider la possibilité d'implantation des différentes solutions qui y sont relatives. Pour une intervention à l'échelle du bâtiment, peindre la façade de couleur claire permet d'augmenter son albédo mais pourrait créer l'éblouissement des automobilistes et augmenter la dangerosité de la voie routière. Le bâtiment doit être suffisamment éloigné d'une artère principale. La solution du toit végétalisé n'est pas réalisable sur tous les types de toits. Il faut vérifier que la pente soit inférieure à 20°. En ce qui concerne les solutions qui amènent à une réduction du nombre de stationnements, il faut examiner si la circulation n'est pas trop importante pour qu'ils puissent être limités. Le Tableau 3.4 récapitule l'ensemble des valeurs limites classées par solution.

Tableau 4.4 Données pour infaisabilité de projet

Projet	Données limites	
Toit vert	Pente du toit	20 à 30°
Peinture claire	Contrainte de couleur	
Arbre le long du trottoir	Largeur trottoir	< 2,0 m
	Arbres déjà présents	
Piste cyclable en trottoir	Largeur trottoir	< 4,5 m
Intevention sur un stationnement	Non	
Diminution du stationnement	Forte	
Mur végétal	Bâtiment commercial et institutionnel	

Pour chaque catégorie d'interventions et sur la base des valeurs présentées au Tableau 3.4, les solutions sélectionnées pour l'étude à la suite du premier tri sont récapitulées au
Tableau 4.5.

Tableau 4.5 Liste des solutions retenues pour étude

Trottoir	Rue/Ruelle	Bâtiment toiture	Bâtiment façade
Béton	Asphalte clair	Toit vert	Peinture claire
	Implantation d'arbres	Membrane réflechissante	Mur végétal
	Mise en place de pistes cyclables	Gravier réfléchissant	Végétalisation du terrain

Pour chaque solution, les bilans énergétique et radiatif sont calculés afin de comparer chacune d'elles en termes de diminution des îlots de chaleur urbains, à l'échelle du quartier d'étude.

4.2 Bilans énergétique et radiatif

Les deux équations établies au cours du chapitre 2 sont utilisées pour le calcul de l'emmagasinement énergétique au sein du quartier.

4.2.1 État initial

Afin d'être en mesure d'évaluer la performance des solutions par rapport à l'état initial, les calculs des différents bilans sans intervention sont présentés dans cette partie.

Flux de chaleur dans le sol et flux de chaleur sensible

En ce qui concerne le bilan énergétique, il faut évaluer les différents termes. Il a été choisi dans le cadre de cette étude de fixer les termes de flux de chaleur sensible (H) et de flux de chaleur dans le sol (G). La littérature indique des valeurs moyennes à l'année. Ils sont fixés dans ce cas pour la Ville de Montréal à 24 W/m². Pour plus de précision et pour se rapprocher au plus près du rayonnement net obtenu par le bilan énergétique, les valeurs moyennes estivales devraient être mesurées et utilisées. La présente approximation n'empêche pas pour autant de comparer les solutions entre elles, en termes d'efficacité dans l'augmentation des bilans énergétiques.

Flux de chaleur latente

D'après Musy et Soutter (1991), le rayonnement global énoncé dans la formule de Turc se calcule grâce au rayonnement atmosphérique par l'équation 3.1 :

$$R_g = R_a \cdot (a + b \cdot \frac{n}{N})$$

(3.1)

Où :

R_g rayonnement global (en W/m^2)

R_a rayonnement atmosphérique (en W/m^2)

n   Insolation effective (en heures)

N   Durée astronomique possible d'insolation (en heures)

Les coefficients a et b sont des constantes fixées pour les zones tempérées à 0,18 et 0,55 respectivement.

Pour la ville de Montréal, le rayonnement R_a est fixé à 114,1 W/m^2. L'application de la formule de Turc, énoncé par l'équation suivante, permet d'obtenir une valeur d'ETP de 47,6 mm/mois.

$$ETP = 0,4 \cdot T_a \cdot \left(\frac{R_g + 50}{T_a + 15} \right) \cdot \left[1 + \frac{(50 - HR)}{70} \right]$$

(3.2)

$$ETM = k_c \cdot ETP$$

(3.3)

où k_c, coefficient structural, est évalué égal à 1,25 en période estivale (Musy et Soutter, 1991)

Ces résultats sont fournis en mm/heure. Or, 1 mm/h/m^2 d'eau évaporée équivaut à une dépense d'énergie de 695 W/m^2 d'espaces verts. Afin de se ramener à l'échelle du quartier, la valeur obtenue est multipliée par la superficie d'espaces verts et divisée par la superficie du quartier. Le Tableau 3.6 dresse le détail des composantes et donne la valeur finale du flux de chaleur latente pour les conditions initiales, sans intervention.

Tableau 4.6 Résultats permettant d'évaluer le flux de
chaleur latente pour les conditions initiales

Variable ou Paramètre	Juillet
R_g (en W/m^2)	81,8
T_a (en °C)	22,3
HR (en %)	56,3
ETP (en mm/mois)	36,4
ETM (en mm/mois)	45,5
ETM (en mm/heure)	0,06
LE (en W/m^2 d'espaces verts)	42,5
LE (en W/m^2 de quartier)	0,42

Flux de chaleur anthropique

En ce qui concerne le flux de chaleur anthropique, la littérature la fixe à 75 W/hab en
été à Montréal (Pigeon, 2007) pour les activités humaines provenant du transport.
Seule cette composante est étudiée dans la présente étude de cas. En utilisant cette
valeur et la densité de population du quartier d'étude, sa valeur en W/m^2 est déduite
égale à 0,93 W/m^2.

Les différentes valeurs explicitées précédemment sont les composantes du calcul du
bilan énergétique permettant d'obtenir un flux de chaleur en sortie de 47,6 W/m^2 à
l'échelle du quartier.

Flux de chaleur d'entrée et emmagasinement énergétique

Le flux de chaleur en sortie par le bilan énergétique est calculé par l'utilisation des
différentes composantes détaillées précédemment. En ce qui concerne le
rayonnement net issu du bilan radiatif, il est fixé pour la ville de Montréal, selon Oke
(1988), à 580 W/m^2 à midi au pic critique d'une journée d'été. L'étude du bilan
radiatif à midi permet de comparer des solutions en termes de « pic »
d'emmagasinement de chaleur.

72

La différence entre le bilan radiatif et le bilan énergétique représente l'emmagasinement énergétique au sein du quartier d'étude (Tableau 3.7). Cette valeur ne représente pas le stockage réel mais davantage une valeur initiale permettant d'évaluer l'influence d'une solution en termes de bilans.

Tableau 4.7 Rayonnement net radiatif et énergétique et calcul de l'emmagasinement énergétique (en W/m^2) au sein du quartier sans intervention

Paramètre	Valeur
LE	0,42
H	24
G	24
F	0,93
R_n sortie	48,5
R_n entrée	580
Emmagasinement	532

4.2.2   **Bilans énergétique et radiatif selon les solutions sélectionnées**

Bilan radiatif

Les propriétés et caractéristiques des matériaux de chaque solution sont prises en considération pour le calcul du bilan radiatif (équation 1.9). Les données utilisées dans les calculs sont résumées au Tableau 3.8.

Tableau 4.8 Données des solutions

	Albédo	Émissivité	Coefficient d'influence sur la chaleur anthropique
Végétalisation	0,18	0,93	0,6
Arbres	0,30	0,93	0,6
Béton	0,35	0,95	1,0
Piste cyclable	0,05	0,95	0,5
Asphalte clair	0,20	0,95	1,0
Pavé alvéolé	0,25	0,90	0,7
Réduction du stationnement	0,05	0,95	0,4
Membrane réflechissante	0,60	0,95	1,0
Gravier réfléchissant	0,50	0,95	1,0
Peinture claire	0,50	0,95	1,0
Mur végétal	0,18	0,93	0,6
Toit vert	0,18	0,92	0,6

L'application du bilan radiatif par les données du Tableau 3.8 pour chaque solution permet d'obtenir des résultats pour le rayonnement net, exprimés en W/m^2 de surface de solution. Afin d'étendre le calcul à l'échelle du quartier d'étude, la valeur du rayonnement net à l'échelle de la ville (580 W/m^2 pour Montréal) est utilisée. En utilisant ce type de données et le résultat du bilan pour la solution ainsi que les différentes valeurs de superficie fournies par l'utilisateur, il est possible de réaliser le bilan à échelle globale du quartier en utilisant l'équation 2. exposée dans le chapitre 2. Les résultats obtenus pour le flux d'entrée dans le quartier sont présentés au Tableau 3.9 dont les unités sont des W/m^2 de quartier.

Tableau 4.9 Flux d'entrée pour chacune des solutions

Solution	Flux d'entrée (en W/m^2)
État initial	580,0
Végétalisation terrain	579,9
Arbres le long de la rue	580,0
Trottoir en béton	578,8
Piste cyclable	580,0
Asphalte clair	569,5
Membrane réfléchissante	574,3
Gravier réfléchissant	574,6
Peinture claire	577,4
Mur végétal	577,9
Toit vert	575,7

Bilan énergétique

En ce qui concerne le bilan énergétique, seule l'influence des solutions sur le flux de chaleur anthropique et le flux de chaleur sensible est étudiée. Le Tableau 3.8 fournit les coefficients d'influence de chacune des solutions proposées pour l'étude, ce qui permet d'obtenir une nouvelle valeur de flux de chaleur latente LE à l'échelle du quartier.

Pour le flux de chaleur latente, seule l'influence de l'évapotranspiration est étudiée. Pour chaque solution faisant intervenir des surfaces végétalisées, leur contribution est évaluée en utilisant la superficie qu'elles couvrent et celle de la végétation déjà présente dans le quartier. Dans le cas de plantation d'arbres, le calcul est différent et dépend du nombre implanté. En utilisant le fait qu'un arbre mature évapore 450 L d'eau par jour, le flux de chaleur latente pour un arbre est de 11 700 W/d. Il s'agit alors de ramener ces données sur la superficie totale du quartier d'intervention. En utilisant donc les deux superficies (quartier et solution), le flux de chaleur latente à l'échelle du quartier dans sa globalité avec intervention est obtenu au Tableau 4.10. Si aucune surface végétale n'est ajoutée, seule la superficie d'espaces verts initiale est prise en considération dans les calculs.

Tableau 4.10 Flux de chaleur latente d'évapotranspiration en W/m^2 à l'échelle du quartier

Solution	Flux de chaleur latente provenant de l'évapotranspiration (en W/m^2)
Toit vert	1,03
Mur végétal	0,77
Végétalisation terrain	0,53
Arbre le long de la rue	6,07

À partir de ces données d'évapotranspiration et des données de flux de chaleur anthropique, il est possible d'obtenir le rayonnement net issu du bilan énergétique donné au Tableau 3.11 ainsi que la valeur d'emmagasinement de la chaleur par solution.

Tableau 4.11 Rayonnement net de sortie et emmagasinement pour chacune des solutions sélectionnées

Solution	Flux d'entrée (en W/m²)	Flux de sortie (en W/m²)	Emmagasinnement (en W/m²)
État initial	580,0	47,5	532,4
Végétalisation terrain	579,9	48,0	532,0
Arbres le long de la rue	580,0	53,5	526,5
Trottoir en béton	578,8	47,6	531,2
Piste cyclable	580,0	48,0	532,0
Asphalte clair	569,5	47,6	521,9
Membrane réfléchissante	574,3	47,6	526,7
Gravier réfléchissant	574,6	47,6	527,0
Peinture claire	577,4	47,6	529,8
Mur végétal	577,9	48,2	529,7
Toit vert	575,7	48,5	527,3

En comparant ces résultats d'emmagasinement avec l'emmagasinement initial (première ligne du tableau 3.11), chaque solution a un effet positif de plus ou moins grande importance. Ces valeurs permettront de juger de l'efficacité d'une solution sur le phénomène des îlots de chaleur. L'utilisation d'un asphalte plus clair paraît être une solution judicieuse dans la diminution du stockage énergétique. L'échelle d'analyse choisie dans cette étude de cas est judicieuse étant donné que l'influence de chacune des solutions envisagées est observable. En effet, comme remarqué par notre état initial, sans intervention, l'emmagasinement au sein du quartier d'étude (sans en modifier sa morphologie) est de l'ordre de 532 W/m^2. Les solutions sont ainsi plus ou moins efficaces. L'implantation d'une piste cyclable sur la portion de route considérée ne serait pas efficace; il faudrait une implantation à plus grande échelle pour avoir une réelle observation de son effet à l'échelle du quartier.

4.2.3   Bilans pour les cas extrêmes

Afin d'observer l'influence des scénarios sur les bilans radiatif et énergétique, les solutions ont été appliquées à l'intégralité du quartier, à la totalité des infrastructures ou des bâtiments. Le Tableau 3.12 fournit les données relatives à ces applications. En ce qui concerne la solution relative à l'implantation de pistes cyclables, le quartier a été envisagé sans voiture.

Tableau 4.12 Données des cas de l'ensemble des bâtiments et des infrastructures

	Surface en toiture (en m^2)	Longueurs des rues (en m)	Surface des murs (en m^2)	Superficie du terrain (en m^2)
Extremum	3556	200	1360	15
Initial: Étude de cas	278	67	136	5
%^{age} d'augmentation	1179	199	900	200

L'augmentation des surfaces d'intervention permet de diminuer l'emmagasinement de chaleur au sein du quartier dans sa globalité. En effet, comme l'indique le Tableau 3.13, une diminution pouvant aller jusque 13 % de la valeur initiale peut-être observée pour l'implantation en toiture d'une membrane réfléchissante par exemple, sur l'intégralité des toits des bâtiments. Ce constat permet d'affirmer que la combinaison des solutions visant à minimiser l'emmagasinement énergétique permettrait de maximiser la lutte contre les îlots de chaleur en milieu urbain. Plus l'intervention sera importante, plus l'observation de son efficacité sera observable à plus ou moins grande échelle.

Tableau 4.13 Données d'emmagasinement extrême et initial

Solution	Emmagasinement (en W/m²) c.f. Tableau 3.11	Emmagasinement des solutions extrêmes (en W/m²)	%^{age} de variation
État initial, sans intervention	532,4		N.D
Végétalisation terrain	532,0	531,8	-0,04
Arbres le long de la rue	526,5	515,4	-2,11
Trottoir en béton	531,2	528,9	-0,43
Piste cyclable	532,0	0,0	-0,08
Asphalte clair	521,9	501,0	-4,01
Membrane réfléchissante	526,7	459,3	-12,8
Gravier réfléchissant	527,0	463,6	-12,0
Peinture claire	529,8	506,1	-4,48
Mur végétal	529,7	508,7	-3,97
Toit vert	527,3	471,1	-10,7

4.3   Évaluation des scénarios

Une fois ces valeurs obtenues, l'analyse de la satisfaction peut être mise en place afin de considérer les critères des différents acteurs dans les prises de décision quant au projet à adopter.

4.3.1   Critères ciblés

En s'inspirant des différentes sphères du développement durable (économique, sociale et environnementale), les critères sont classés selon les catégories suivantes : technique, environnementale et sociale. Chacun est évalué par les différents acteurs du projet (habitants, usager, promoteur), tel que détaillé ci-après, de manière à ce que le poids de chacune des trois catégories « générales » soit homogène.

À cette étape, il est important non seulement de choisir une solution en fonction de son efficacité à limiter son impact sur les îlots de chaleur, mais également de prendre en compte les points de vue des différents acteurs d'un projet urbain. Chacune des catégories est développée au Tableau 3.12 qui présente également le poids (degrés) relatif à chaque critère.

Tableau 4.14 Liste des critères utilisés pour l'analyse de la satisfaction

N°	Critères	Sous-critères	Évaluation (Degré)
1	Environnementaux	Améliore la qualité de l'air	9
2		Favorise les transports alternatifs	8
3		Crée et préserve le biotope	7
4		Diminue le ruissellement	8
5		Améliore l'isolation thermique	6
6		Minimise l'impact pour les matières premières	6
7		Minimise l'impact à la fin de vie	5
8	Sociaux	Améliore l'isolation acoustique	5
9		Maintient l'humidité relative à un taux acceptable	7
10		Améliore l'esthétique	6
11		Crée des emplois qualifiés	6
12		Crée de l'ombre	8
13		Crée des espaces d'échanges	6
14		Améliore le déplacement	7
15		S'ancre dans le patrimoine du quartier, du bâtiment	3
16	Techniques	Facilite l'entretien	7
17		Facilite l'implantation, simplicité de l'équipement	7
18		Diminue l'îlot de chaleur	10
19		Bonnes adaptabilité et flexibilité	7
20		Bonnes connaissances sur la technique	8
21		Bonnes sureté et sécurité	8

Les différents critères sont présentés dans les paragraphes suivants, selon les sous-critères indiqués au Tableau 3.12.

Critères environnementaux

En ce qui concerne les critères environnementaux, il s'agit principalement de ceux portant sur la préservation ou l'amélioration de l'environnement et la qualité de l'air (diminution de la pollution, des particules en suspension, etc.). De nombreuses solutions visant à minimiser les îlots de chaleur ont un impact sur la qualité de l'air (implantation d'espaces verts par exemple), d'où l'importance d'en tenir compte dans cette analyse.

Dans ce volet, plusieurs points sont pris en considération : amélioration de la qualité de l'air (en diminuant la quantité de polluants), maintien du taux d'humidité de l'air à un niveau acceptable, développement ou maintien de la faune et de la flore, gain au niveau de l'isolation, de la retenue de l'eau de pluie, etc. Ce dernier aspect présente un enjeu important et n'est pas souvent considéré par les entrepreneurs ou les particuliers puisqu'ils ne sont pas touchés directement, économiquement parlant.

L'isolation thermique permet de diminuer les besoins en énergie. En effet, le phénomène d'îlots de chaleur augmente l'utilisation de climatiseurs qui alimente à son tour le phénomène. Une augmentation de l'isolation thermique permet de diminuer la quantité de chaleur au sein du bâtiment et la demande en climatisation.

Critères sociaux

Les critères sociaux regroupent davantage des critères liés à la qualité de vie de la population, des habitants et usagers d'un quartier, d'un bâtiment, etc. Dans le volet social, les impacts sont généralement difficilement quantifiables alors qu'ils prennent toute leur importance en termes de santé des habitants d'un quartier ou encore du moral des usagers (l'implantation d'espaces verts en ville a un impact sur ce point).

Critères techniques

En Europe, certains critères dans le cadre des MTD (Meilleures Techniques Disponibles) ont été mis en place pour une utilisation à l'échelle industrielle (industrie papetière, aciéries, tanneries, etc.) ou pour ce qui a trait à l'efficacité énergétique pour la prévention et le contrôle de pollution. Ces MTD sont destinés au départ à fournir des orientations à l'usage de l'industrie des États membres et du public en ce qui concerne les niveaux d'émission et de consommation pouvant être atteints au moyen de techniques particulières. Certains d'entre eux sont repris pour l'analyse de la satisfaction. En termes de critères techniques, il s'agit essentiellement de critères de fiabilité (en fonction du retour d'expérience de technologies implantées dans différents projets à travers le monde : expertise disponible, nombre d'applications, stade de développement, etc.). Les MTD se définissent comme étant : « Le stade de développement le plus efficace et avancé des activités et de leurs modes d'exploitation, démontrant l'aptitude pratique de techniques particulières à constituer, en principe, la base de valeurs limites visant à éviter et lorsque cela s'avère impossible, à réduire de manière générale les émissions et les impacts sur l'environnement dans son ensemble » *(Art 2(11) de la Directive européenne 96/61/CE).* Il s'agit donc de la meilleure technique disponible satisfaisant le mieux aux critères de développement durable.

Ce type de critères touche principalement l'entretien, la facilité d'implantation (en termes de temps nécessaire à la mise en service), les progrès techniques et l'évolution des connaissances scientifiques (c'est-à-dire la quantité de recherches effectuées sur chacune des solutions proposées), l'âge des technologies (date de mise en service des premières installations), la dangerosité et les risques d'accidents pour l'environnement.

La diminution du phénomène d'îlot de chaleur urbain entrera également dans ce type de critères.

4.3.2 Évaluation des solutions

Les solutions sont évaluées selon les critères précédents par l'intervention d'experts des différents domaines. Dans le cadre de cette étude, les solutions ont été évaluées par des experts vus au cours de la revue de littérature, qui ont été citées au cours de la première partie de ce mémoire (Giguère, 2009; Deny, 2008; Fehrenbacher, 2005). L'analyse de la satisfaction est présentée au Tableau 3.13.

Tableau 4.15 Évaluation des solutions proposées pour diminuer le stockage énergétique en milieu urbain

N°	Critères	Sous-critères	Évaluation (Degré)	Tottoir	Rue			Toit			Façade		
				Béton	Asphalte clair	Arbre	Piste cyclable	Toit vert	Membrane réfléchissante	Gravier réfléchissant	Peinture claire	Mur végétal	Végétalisation terrain
1		Améliore la qualité de l'air	9	0/0	0/0	8/72	8/72	8/72	0/0	0/0	0/0	9/81	9/81
2		Favorise les transports alternatifs	8	0/0	0/0	0/0	10/80	0/0	0/0	0/0	0/0	0/0	0/0
3	Environnementaux	Crée et préserve le biotope	7	0/0	0/0	9/63	0/0	8/56	0/0	0/0	0/0	8/56	8/56
4		Diminue le ruissellement	8	8/64	8/64	8/64	0/0	9/72	0/0	5/40	0/0	9/72	0/0
5		Améliore l'isolation thermique	6	0/0	0/0	0/0	0/0	8/48	8/48	8/48	5/30	8/48	8/48
6		Minimum d'impacts des matières premières	6	5/30	5/30	8/48	5/30	8/48	7/42	7/42	6/36	8/48	8/48
7		Minimum d'impacts en fin de vie	5	5/25	5/25	8/40	5/30	8/40	7/35	7/35	9/45	8/40	8/40
8		Améliore l'isolation acoustique	5	0/0	0/0	5/25	0/0	8/40	5/25	5/25	0/0	8/40	5/25
9		Maintient l'HR à un taux acceptable	7	5/35	5/35	7/49	0/0	6/42	0/0	0/0	0/0	6/42	8/56
10		Améliore l'esthétique	6	7/42	5/30	9/54	7/42	5/30	5/30	5/30	5/30	5/30	9/54
11	Sociaux	Crée des emplois qualifiés	6	5/30	5/30	5/30	5/30	8/48	8/48	8/48	5/30	8/48	7/42
12		Crée de l'ombre	8	0/0	0/0	9/72	0/0	0/0	0/0	0/0	0/0	0/0	9/72
14		Améliore le déplacement	7	5/35	5/35	0/0	8/56	0/0	0/0	0/0	0/0	0/0	0/0
15		Conserve le patrimoine urbain	3	7/21	5/15	5/15	7/21	5/15	5/15	7/21	5/15	5/15	9/27
16		Facilité d'entretien	7	7/49	7/49	8/56	7/49	5/35	7/49	8/56	10/70	5/35	7/49
17		Facilité, simplicité de l'équipement	7	5/35	5/35	9/63	9/63	6/42	9/63	9/63	9/63	6/42	8/56
18	Techniques	Diminue l'îlot de chaleur	10	6/60	6/60	5/50	8/80	8/80	7/70	6/60	6/60	8/80	7/70
19		Bonnes adaptibilité et flexibilité	7	10/70	10/70	9/63	9/63	6/42	8/56	9/63	10/70	6/42	8/56
20		Bonnes connaissances sur la technique	8	10/80	10/80	10/80	10/80	7/56	9/72	10/80	10/80	6/48	10/80
21		Bonnes sureté et sécurité	8	10/80	10/80	9/72	8/64	8/64	9/72	10/80	10/80	8/64	10/80
		Qualité		656	638	916	755	830	625	691	609	831	940

La valeur de qualité indiquée sur la dernière ligne du Tableau 3.13 permet le classement des différentes solutions. Plus la qualité est élevée, mieux la solution répond à la satisfaction des différents acteurs du projet. Le Tableau 3.14 permet d'observer les solutions classées par ordre décroissant d'intérêt.

Tableau 4.16 Solutions classées par ordre décroissant de satisfaction

Solutions classées	Qualité
Végétalisation terrain	940
Arbres	916
Mur végétal	831
Toit vert	830
Piste cyclable	755
Gravier réfléchissant	691
Trottoir en béton	656
Asphalte clair	638
Membrane réflechissante	625
Peinture claire	609

4.4   Développement de l'outil d'aide à la prise de décision

Afin de faciliter le choix et la comparaison des scénarios, l'analyse de la satisfaction ainsi que les calculs de bilans sont réalisés informatiquement, en orientant

l'utilisateur vers des questions permettant de cibler les diverses possibilités
d'interventions.

4.4.1   Analyses

Après avoir entré les différentes données relatives au projet, une matrice des
solutions permet de griser celles qui sont irréalisables (Figure 3.4). Aucune
intervention sur un stationnement n'est prévue. La colonne relative à ce type de
projet est donc grisée automatiquement.

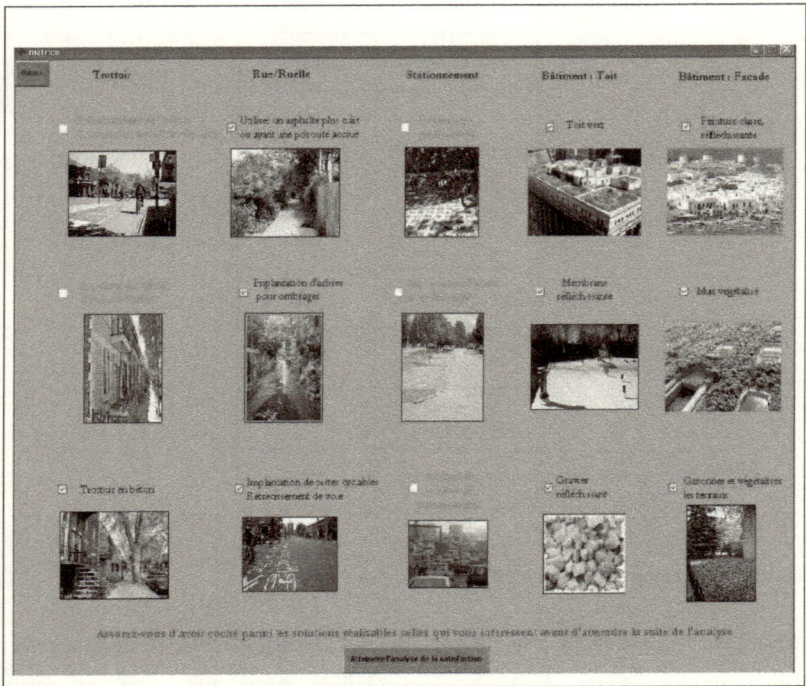

Figure 4.4 Fiche d'identification des solutions possibles.

85

Le reste des solutions est sélectionné manuellement par l'utilisateur et est soumis à l'analyse de la satisfaction. Dans cette étude de cas, toutes les solutions possibles sont sélectionnées.

Les calculs de bilans énergétique et radiatif sont réalisés pour chaque solution et sont proposés à l'utilisateur, ce qui permettra une meilleure vision pour compléter l'analyse de la satisfaction. La Figure 3.5 présente la fenêtre proposée à l'utilisateur pour effectuer l'analyse de la satisfaction pour chaque solution proposée et selon les critères déterminés.

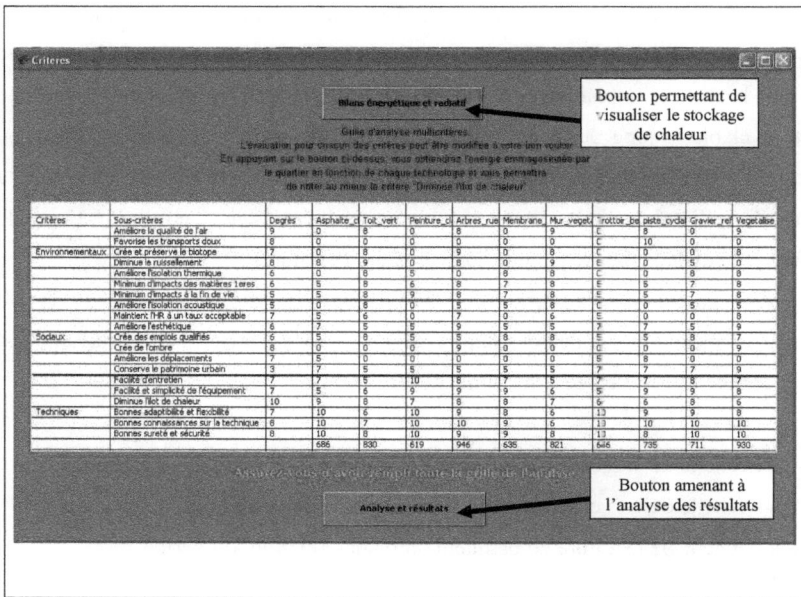

Figure 4.5 Analyse de la satisfaction pour le quartier de St-Stanislas vue de l'outil.

4.4.2 Présentation des résultats

À partir des différentes fiches remplies par l'utilisateur, les solutions optimales lui sont présentées. La fiche « Présentation des résultats » se présente en différents onglets. Tout d'abord, un premier onglet fournit la liste des solutions optimales pour chacune des catégories d'interventions proposées. Elles sont classées du plus haut niveau de satisfaction au moins bon, de haut en bas. Pour chaque type d'intervention, la meilleure solution se démarque et est présentée à l'utilisateur afin de construire des scénarios d'intervention.

La liste des solutions classées par ordre décroissant d'intérêt pour l'étude de cas proposée ici est la végétalisation du terrain du bâtiment, l'implantation d'arbres le long de la ruelle, l'implantation d'un toit vert, le mur végétal, la mise en place d'une piste cyclable le long de la rue principale, l'utilisation de gravier réfléchissant en toiture, l'utilisation du béton dans la construction des trottoirs, l'asphalte clair pour la chaussée, l'implantation d'une membrane réfléchissante en toiture et le recouvrement de la façade par une couleur claire (peinture).

En sélectionnant la meilleure solution de chaque catégorie, la liste suivante est obtenue telle que présentée à la Figure 3.6:

- à l'échelle de la façade du bâtiment, végétalisation du terrain du bâtiment;
- à l'échelle de la ruelle, implantation d'arbres et de végétaux;
- à l'échelle de la toiture du bâtiment, implantation d'un toit vert;
- à l'échelle des trottoirs, implantation de trottoirs en béton.

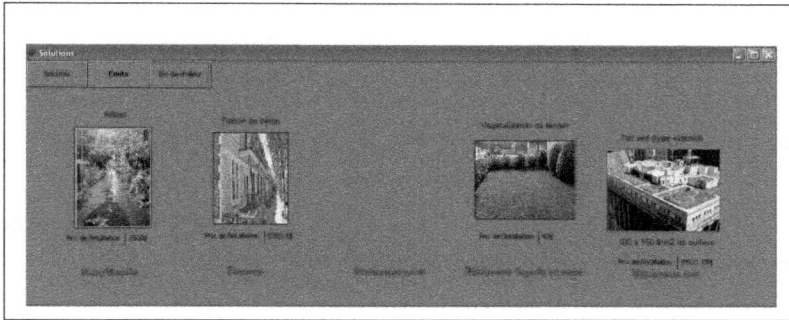

Figure 4.6 Fiche des solutions.

Un deuxième onglet dressera un bilan des coûts pour l'implantation de la solution dans le cas spécifique du projet étudié. Les prix d'implantation selon une étude de coût particulier pour la région de Montréal sont les suivants :

- toit vert : 125 $/m^2;
- arbre : 1000 $ (prix pour 5 ans, implantation et entretien);
- pavés alvéolés : 28 $/m^2;
- mur végétal : 1600 $/m^2;
- végétalisation d'un terrain : 8 $/m^2;
- réalisation d'un trottoir en béton : 80 $/m^2;
- implantation d'une membrane réfléchissante (de polyuréa) : 17 $/m^2;
- asphalte clair : 75 $/m^2;
- gravier réfléchissant : 22 $/m^2;
- peinture claire réfléchissante (aux silicates) : 25 $/m^2.

Le Tableau 3.15 fournit le détail des coûts globaux pour les solutions les mieux adaptés selon l'analyse de la satisfaction. Ces coûts sont très variables et ne sont pas pris en compte dans l'analyse pour éviter d'influencer les choix. En observant l'influence de chacune des solutions, l'implantation d'arbres procure une diminution de l'emmagasinement de 6 W/m². Il s'agit de la solution la plus efficace sélectionnée par l'analyse de la satisfaction pour toutes les catégories, et non la plus coûteuse. La végétalisation du terrain est la solution la moins onéreuse mais également la moins rentable en termes de diminution du stockage énergétique (Tableau 3.11). Le toit vert est la deuxième solution ayant le plus d'influence sur l'atténuation des îlots de chaleur, mais son coût est également le plus élevé.

Tableau 4.17 Coûts des solutions ayant la meilleure satisfaction pour chaque catégorie d'intervention

Solutions	Coût global (en $)
Arbres	2 500
Trottoir en béton	5 300
Végétalisation terrain	40
Toit vert	34 700

En résumé, la mise en place de la méthodologie a permis de développer un outil d'aide à la décision visant à assister les professionnels de projets urbains (architectes, urbanistes, ingénieurs de l'urbain, etc.). L'outil, tel que présenté sur la base d'une étude de cas, n'est qu'un exemple d'application dans un cas concret d'un quartier de la Ville de Montréal. Il peut bien évidemment être étendu à d'autres villes, à d'autres quartiers, en modifiant les différentes valeurs relatives aux rayonnements et aux flux de chaleur. Il pourra être amélioré afin que les utilisateurs se l'approprient davantage. Le chapitre suivant sera consacré aux différentes évolutions possibles de cet outil et formulera quelques recommandations à moyen et long termes.

CHAPITRE 5

DISCUSSION

L'outil développé vise à aider à faire évoluer les modes de construction, d'urbanisation et à soutenir des décisions par des calculs scientifiques. En effet, il existe des mesures bien identifiées pour lutter contre les ICU. Cependant, les approches préconisées pour leur sélection reposent sur des critères qualitatifs et très rarement quantitatifs. L'approche développée dans le cadre du présent travail vise ainsi à combler cette lacune en introduisant une démarche quantitative dans l'évaluation des scénarios. Celle-ci s'appuie sur les bilans énergétiques et l'évaluation de la capacité d'emmagasinement du milieu urbain à l'étude en considérant ses composantes (infrastructures, bâtiment, végétation, etc.) ainsi que les activités anthropiques associées. Par contre, compte tenu des caractéristiques physiques du phénomène d'ICU (Cantat, 2004), la démarche proposée n'aborde pas l'évaluation de l'intensité d'un îlot de chaleur.

5.1   Retombées globales de l'outil

Pour favoriser le processus de réflexion, l'analyse développée dans ce mémoire permet de prendre en considération les points de vue des acteurs d'un projet d'intervention en milieu urbain selon les principes d'une analyse de la satisfaction, tout en prenant en compte la volonté d'amenuiser l'emmagasinement de la chaleur en ville.

5.1.1 Intérêt d'une approche systémique

Aborder les milieux urbains de manière systémique permet de prendre en considération les différents composants (infrastructures, bâtiments, espaces verts, etc.) d'un milieu et les interactions qui existent entre eux. L'apparition d'un îlot de chaleur dépend de nombreux paramètres physiques. Les bilans énergétique et radiatif permettent d'évaluer l'influence de ces variables sur l'emmagasinement énergétique et, indirectement, sur les ICU. L'approche systémique permet donc de prendre en considération les actions ponctuelles au sein d'un milieu dans une vision plus globale (celle du quartier, ou de la ville dans son ensemble) plutôt que de se baser uniquement sur l'observation du phénomène.

En effet, le calcul de l'emmagasinement énergétique et son intégration dans une analyse de la satisfaction justifie des prises de décisions aussi bien sur leur bénéfice sur les ICU que sur d'autres critères importants dans l'adoption d'un projet urbain. De plus, chercher à mettre en place des mesures d'atténuation de la présence d'îlots de chaleur a un impact positif et synergique sur d'autres problématiques urbaines et environnementales telles que la consommation énergétique (provenant de l'utilisation de la climatisation), la qualité de l'air (smog, poussières, etc.) ou l'imperméabilisation des sols (interception de la pluie par les arbres, infiltration de l'eau dans les zones vertes) d'où l'intérêt d'entrer et de prendre en compte ces paramètres dans l'analyse des scénarios et les prises de décisions.

5.1.2 Intérêt pour les acteurs

L'outil développé s'adresse aux différents acteurs qui « font » la ville, qu'il s'agisse des professionnels du milieu urbain, c'est-à-dire ceux qui le pensent (architectes, ingénieurs, urbanistes, etc.) ou des particuliers désireux d'améliorer leur condition de vie, par des actions plus ponctuelles sur leur propriété, leur bâtiment.

En effet, afin de favoriser le processus de réflexion, l'outil permet de prendre en considération les « envies » et les besoins des acteurs d'un projet d'intervention en milieu urbain, selon les principes d'une analyse de la satisfaction. Son utilisation permet de progresser dans la résolution de problèmes décisionnels faisant intervenir plusieurs points de vue, en permettant une meilleure communication entre les acteurs. De plus, son application au sein de collectivités ou de quartiers amènerait à l'instauration de groupes de discussions, en partenariat avec tous les acteurs du territoire considéré (ceux qui le pensent, ceux qui le dessinent et ceux qui le vivent). Cela créerait une véritable concertation et une information pertinente sur la problématique des îlots de chaleur urbains.

Les ICU engendrent de nombreux problèmes pour la population, et les professionnels en urbanisme et en architecture commencent à les intégrer dans leurs projets, en favorisant notamment la création d'espaces verts et les modes d'aération naturelle au sein d'un bâtiment. Pourtant, actuellement, aucun texte ni aucune obligation n'ont été publiés à cet égard. Pour les services d'urbanisme des villes, la mise en place d'un tel outil pourrait orienter de futures dispositions (réglementaires ou non) spécifiques à l'utilisation de matériaux et à la présence d'espaces verts en regard de leurs effets sur la diminution du phénomène. En ce qui concerne les architectes et ingénieurs de l'urbain, il permettrait de meilleures prises de décisions quant aux matériaux à privilégier pour atténuer le phénomène d'îlot de chaleur et ses conséquences.

5.1.3   Gestion de l'information

Comme souligné précédemment, les techniques pour limiter les îlots de chaleur sont connues, mais rares sont les outils qui permettent de regrouper les informations disponibles sur le sujet. L'outil informatique développé vise à remédier au problème en facilitant les prises de décisions quant à l'implantation de solutions, de scénarios.

La mise en place de l'analyse de la satisfaction permet de hiérarchiser le processus d'évaluation des solutions. Le développement de l'outil d'aide à la prise de décisions ne permet pas de donner la solution optimale quel que soit le projet. Il aide plutôt les décideurs à se responsabiliser et à structurer les informations disponibles. Cela leur permet donc de prendre des décisions en fonction de leur impact bénéfique sur une diminution de l'emmagasinement énergétique au sein d'un système urbain sans pour autant négliger les autres sphères afin de s'inscrire dans une démarche responsable de développement durable de projet en s'appuyant sur des données et des processus d'évaluation quantitative.

Pour la bonne mise en pratique de l'analyse de la satisfaction et l'identification des besoins, une analyse fonctionnelle et l'évaluation des solutions par l'intervention des différents acteurs d'un projet sont des étapes nécessaires. Les critères établis au cours de l'étude de cas ont été choisis sur la base de recherche dans la littérature existante concernant des projets d'aménagement urbain ou des projets d'architecture. Ceux-ci ne constituent pas une liste exhaustive de critères et peuvent donc évoluer en fonction de l'évaluation désirée dans le cadre de la réalisation d'un projet.

Les solutions privilégiées ne dressent pas la liste complète de toutes les technologies existantes. Malgré le fait que la sélection se soit orientée sur les solutions les plus couramment implantées, il serait intéressant d'en intégrer la totalité et de veiller à les mettre à jour de façon régulière. Cette liste pourra évoluer en fonction des avancées technologiques.

Finalement, la mise en place d'un tel outil pourrait permettre de développer un outil d'aide à la conception de nouvelles technologies qui minimiseraient les îlots de chaleur en milieu urbain. En effet, il permettrait de juger de l'influence d'une solution par rapport à une autre en termes d'emmagasinement énergétique et de réponse aux critères urbanistiques et architecturaux.

5.2   Limites

À l'heure actuelle, l'obtention de données spécifiques précises représentatives et dynamiques représente une réelle difficulté et limite l'interprétation des résultats en termes d'intensité d'îlots de chaleur.

En effet, les données de rayonnements et les données relatives aux flux de chaleurs sont rarement connues spatialement et temporellement, ce qui mène à l'utilisation de valeurs moyennes qui déforment les résultats de bilans énergétique et radiatif. Cette situation ne permet donc pas d'établir le lien entre l'emmagasinement énergétique et la température (en termes d'intensité d'îlot de chaleur). La mise en place de suivis et de télémesures lors de l'implantation de solutions (par exemple de capteurs de température lors de la construction d'un toit vert) paraît nécessaire pour être en mesure d'obtenir des mesures exactes pour les différents moments de la journée et pour toutes les saisons, sur les différents paramètres approximés au cours de la présente étude. La mise en place d'un suivi permettrait de relier les bilans énergétiques d'un quartier à la température extérieure à différentes échelles (localement à l'endroit de l'implantation de la solution ou globalement sur le quartier considéré).

Pour améliorer le niveau de précision, il faudrait être en mesure d'obtenir les données manquantes pour une année complète (puisque les problématiques ne sont pas les mêmes en été comme en hiver, bien que les ICU sont présents dans les deux cas de figure), quartier par quartier, heure par heure et les intégrer en effectuant des simulations sur les échanges énergétiques et radiatifs en milieu urbain sur les périodes d'étude. Au cours de la revue de la littérature (Chapitre 1), l'équation 1.17 et l'équation 1.18 indiquent des manières de calculer notamment les flux de chaleur sensible (H) et de chaleur dans le sol et les bâtiments (G). Ces formules devraient être utilisées pour obtenir des valeurs au cours de périodes complètes (journées et/ou mois). Pour cela, des relevés de températures aux différentes heures d'une journée et à différentes hauteurs devraient être réalisés. Pour préciser davantage les calculs, il faudrait également introduire la valeur exacte de R_n, c'est-à-dire du rayonnement net issu du bilan radiatif à l'échelle d'une ville. Deux manières de procéder peuvent être envisagées pour son obtention. Il s'agirait soit d'utiliser des valeurs moyennes d'albédo, de coefficient de réflexion thermique et d'émissivité pour un quartier, soit d'effectuer des mesures directes à des moments différents dans une journée, dans une année.

Actuellement, l'outil a été développé sur la base d'une étude de cas pour la ville de Montréal. Cela dit, la structuration de l'information (catalogue) ainsi que la hiérarchisation des critères décisionnels et du processus d'évaluation permet de transposer la démarche à différentes villes et quartiers (à de multiples échelles) dans d'autres régions et/ou pays si les données relatives aux calculs des bilans énergétique et radiatif le permettent.

De plus, les calculs d'emmagasinement énergétique ne représentent pas les valeurs réelles, puisqu'en plus d'approximer certaines valeurs, d'autres sont négligées. Il n'en reste pas moins que les valeurs obtenues fournissent des points de comparaison permettant d'analyser des scénarios en termes d'influence plus ou moins forte sur la diminution des îlots de chaleur en milieu urbain.

Ainsi certains critères n'ont pas été pris en compte dans le développement de l'analyse de la satisfaction et les calculs d'emmagasinement au cours de le présente étude. C'est le cas, par exemple, des ombres et de l'influence de bâtiments, d'abres

95

sur l'apport direct d'énergie solaire. Pour plus de précisions, il faudrait intégrer un outil de simulation 3-Dimension en fonction du parcours solaire (Type Héliodon®). Actuellement de nombreux groupes de recherche essaient d'intégrer la dimention 3D à leurs études sur le phénomène des échanges énergétiques sans réel succès. Gouyer et *al.*, du groupe de recherche CERMA à Nantes en France, ont, par diverses simulations, tenté d'établir un lien entre phénomènes microclimatique et énergétique du bâtiment. Ils introduisent des modèles de quartier, de bâtiments et y établissent les différents échanges grâce aux logiciels SOLENE et FLUENT. Les modèles de bâtiments et de surfaces sont pour cela simplifiés et l'erreur qui est associée à cette simulation est conséquante. En améliorant les techniques de modélisation, il sera possible de créer un lien direct entre les différentes surfaces et les échanges énergétiques qui y ont lieu.L'introduction d'un tel modèle dans l'outil développé aurait alors une réelle portée et une utilité concrète.

CONCLUSION

L'une des causes principales de la création des îlots de chaleur est la densification et l'expansion des espaces urbains. Compte tenu que les villes deviennent de plus en plus peuplées, les prises de décisions sur tout projet urbain devraient intégrer l'importance relative à l'atténuation du phénomène d'îlot de chaleur. De plus, se placer en amont des projets urbains permettrait d'éviter les problèmes qui sont déjà perceptibles à l'heure actuelle. De nombreuses actions sont effectuées afin d'agir en cas de périodes de forte chaleur dans les zones subissant de manière plus intense les îlots de chaleur (mesures d'urgence, information auprès de la population). Toutefois, régler le problème à la base parait plus judicieux. Deux approches peuvent être envisagées pour une meilleure gestion des villes vis à vis de cette problématique : soit la modification des formes urbaines en travaillant sur la structure des villes, soit l'évolution des modes de construction en termes de changement des matériaux utilisés. Ces points constituent deux des plus grandes variables contrôlables parmi celles responsables du phénomène puisqu'elles provoquent l'emprisonnement et/ou le stockage de la chaleur au sein de la ville. Le présent mémoire s'est particulièrement intéressé à la deuxième approche.

À partir de ce constat, la présente étude a porté essentiellement sur les caractéristiques des matériaux de construction en s'appuyant sur des données « connues » que sont l'albédo, l'émissivité, le coefficient de réflexion thermique. De plus, une autre approche a été abordée de manière plus globale et visait à influencer le flux de chaleur anthropique et le flux de chaleur latente dû à l'évapotranspiration provenant de la végétation. Les travaux réalisés ont conduit au développement d'un outil d'aide à la prise de décisions permettant non seulement de prendre en compte les conséquences de différentes solutions sur les ICU, mais également d'intégrer les critères propres à un projet urbain cherchant à répondre aux principes de développement durable.

L'approche présentée dans ce mémoire a permis d'aborder la problématique des îlots de chaleur d'une manière systémique pour tenter d'anticiper l'influence de solutions sur le phénomène. En effet, la complexité des interactions entre les différentes causes des ICU rend leur expression difficile puisqu'une carence d'informations est notable. De ce fait, la méthode employée au cours de la présente étude a permis de se baser non pas sur la définition même des îlots de chaleur, qui s'appuie sur la comparaison de la température d'un milieu urbain et celle en milieu rural, mais sur les calculs des bilans énergétiques et radiatifs qui expriment directement la chaleur stockée au sein d'un système (l'intensité d'un ICU dépendant directement de ce stockage).

L'incorporation de cette approche à un processus décisionnel plus global a permis de faire intervenir les différents acteurs d'un projet, favorisant ainsi la communication, et de gérer l'information disponible portant sur différentes solutions et techniques susceptibles d'agir de manière positive sur la diminution de température en ville ou d'un quartier. L'utilisation de l'analyse de la satisfaction a permis de créer une réelle dynamique de concertation entre les acteurs (habitants, architectes, urbanistes, etc.), afin de répondre aux principes d'écologie urbaine faisant intervenir plusieurs points de vue. En s'appuyant sur des calculs concrets, de manière quantitative, l'analyse a permis d'appuyer des décisions en comparant différents scénarios, plutôt que de choisir une solution pour son image « verte », de manière aléatoire ou intuitive, sans en connaître l'influence sur le phénomène des ICU.

L'étude de cas réalisée a permis de mettre en évidence que la justification des choix de solutions peut être basée sur des calculs concrets. Elle a permis de démontrer que les prises de décisions ne doivent pas uniquement reposée sur l'unique critère relatif aux îlots de chaleur, mais sur une combinaison de critères, provenant de plusieurs points de vue, et qui permet de justifier des choix de manière raisonnée. De plus, la combinaison de solutions dans un quartier permet de diminuer davantage l'emmagasinement énergétique et donc d'atténuation de l'intensité des îlots de chaleur. L'étude de cas a également démontré que l'observation de l'influence de solutions ponctuelles est difficilement mesurable à grande échelle mais que leur multiplication pourrait être bénéfique à l'échelle d'un quartier dans son ensemble.

L'utilisation d'un tel outil dans le cadre d'un projet d'aménagement urbain permettrait une prise de conscience des différents acteurs, et aiderait à mettre en place des dispositions réglementaires pour l'implantation d'espaces verts et l'utilisation de matériaux de construction spécifiques visant à limiter le stockage de la chaleur en ville. L'approche dynamique permet à l'utilisateur de s'approprier l'outil et ainsi de se poser les questions nécessaires au développement du projet.

Afin d'améliorer le niveau de précisions des différents calculs effectués, les recherches futures devront s'intéresser aux expressions des flux de chaleur sensible (H) et de chaleur dans le sol et les bâtiments (G) qui varient selon la température. Tous ces paramètres sont liés et l'introduction de modèles, notamment 3-Dimensions permettant de relier chacun des composants. De plus, ces travaux pourront éventuellement conduire à d'autres études permettant d'établir un lien entre les bilans d'énergie et l'intensité de l'îlot de chaleur en se basant sur la température directement.

ANNEXE I

Valeur du rayonnement extra-terrestre en fonction de la latitude Nord

Valeurs du rayonnement extra-terrestre R_a exprimée en mm/j selon les données de la
FAO (1mm/d=58.8 cal/cm^2/d=28.52 W/m^2)
Tirée de Musy et Soutter (1991)

Lat. N	Jan	Fev	Mars	Avr	Mai	Juin	Juil	Août	Sept	Oct	Nov	Dec
50°	3.8	6.1	9.4	12.7	15.8	17.1	16.4	14.1	10.9	7.4	4.5	3.2
48°	4.3	6.6	9.8	13.0	15.9	17.2	16.5	14.3	11.2	7.8	5.0	3.7
46°	4.9	7.1	10.2	13.3	16.0	17.2	16.6	14.5	11.5	8.3	5.5	4.3
44°	5.3	7.6	10.6	13.7	16.1	17.2	16.6	14.7	11.9	8.7	6.0	4.7
42°	5.9	8.1	11.0	14.0	16.2	17.3	16.7	15.0	12.2	9.1	6.5	5.2
40°	6.4	8.6	11.4	14.3	16.4	17.3	16.7	15.2	12.5	9.6	7.0	5.7
38°	6.9	9.0	11.8	14.5	16.4	17.2	16.7	15.3	12.8	10.0	7.5	6.1
36°	7.4	9.4	12.1	14.7	16.4	17.2	16.7	15.4	13.1	10.6	8.0	6.6
34°	7.9	9.8	12.4	14.8	16.5	17.1	16.8	15.5	13.4	10.8	8.3	7.2
32°	8.3	10.2	12.8	15.0	16.5	17.0	16.8	15.6	13.6	11.2	9.0	7.8
30°	8.8	10.7	13.1	15.2	16.5	17.0	16.8	15.7	13.9	11.6	9.5	8.3
28°	9.3	11.7	13.4	15.3	16.5	16.8	16.7	15.7	14.1	12.0	9.9	8.8
26°	9.8	11.5	13.7	15.3	16.4	16.7	16.6	15.7	14.3	12.3	10.3	9.3
24°	10.2	11.9	13.9	15.4	16.4	16.6	16.5	15.8	14.5	12.6	10.7	9.7
22°	10.7	12.3	14.2	15.5	16.3	16.4	16.4	15.8	14.6	13.0	11.1	10.2
20°	11.2	12.7	14.4	15.6	16.3	16.4	16.3	15.9	14.9	13.3	11.6	10.7
18°	11.6	13.0	14.6	15.6	16.1	16.1	16.1	15.8	14.9	13.6	12.0	11.1
16°	12.0	13.3	14.7	15.6	16.0	15.9	15.9	15.7	15.0	13.9	12.4	11.6
14°	12.4	13.6	14.9	15.7	15.8	15.7	15.7	15.7	15.1	14.1	12.8	12.0
12°	12.8	13.9	15.1	15.7	15.7	15.5	15.5	15.6	15.2	14.4	13.3	12.5
10°	13.2	14.2	15.3	15.7	15.5	15.3	15.3	15.5	15.3	14.7	13.6	12.9
8°	13.6	14.5	15.3	15.6	15.3	15.0	15.1	15.4	15.3	14.8	13.9	13.3
6°	13.9	14.7	15.4	15.4	15.1	14.7	14.9	15.2	15.3	15.0	14.2	13.7
4°	14.3	15.0	15.5	15.5	14.9	14.4	14.6	15.1	15.3	15.1	14.5	14.1
2°	14.7	15.3	15.6	15.3	14.6	14.2	14.3	14.9	15.3	15.3	14.8	14.4
0°	15.0	15.5	15.7	15.3	14.4	13.9	14.1	14.8	15.3	15.4	15.1	14.8
2°	15.3	15.7	15.7	15.1	14.1	13.5	13.7	14.5	15.2	15.5	15.3	15.1
4°	15.5	15.8	15.6	14.9	13.8	13.2	13.4	14.3	15.1	15.6	15.5	15.4
6°	15.8	16.0	15.6	14.7	13.4	12.8	13.1	14.0	15.0	15.7	15.8	15.7
8°	16.1	16.1	15.5	14.4	13.1	12.4	12.7	13.7	14.9	15.8	16.0	16.0
10°	16.4	16.3	15.5	14.2	12.8	12.0	12.4	13.5	14.8	15.9	16.2	16.2
12°	16.6	16.3	15.4	14.0	12.5	11.6	12.0	13.2	14.7	15.8	16.4	16.5
14°	16.7	16.4	15.3	13.7	12.1	11.2	11.6	12.9	14.5	15.8	16.5	16.6
16°	16.9	16.4	15.2	13.5	11.7	10.8	11.2	12.6	14.3	15.8	16.7	16.8
18°	17.1	16.5	15.1	13.2	11.4	10.4	10.8	12.3	14.1	15.8	16.8	17.1
20°	17.3	16.5	15.0	13.0	11.0	10.0	10.4	12.0	13.9	15.8	17.0	17.4
22°	17.4	16.5	14.8	12.6	10.6	9.7	10.0	11.6	13.7	15.7	17.0	17.5
24°	17.5	16.5	14.6	12.3	10.2	9.1	9.5	11.2	13.4	15.6	17.1	17.7
26°	17.6	16.4	14.4	12.0	9.7	8.7	9.1	10.9	13.2	15.5	17.2	17.8
28°	17.7	16.4	14.3	11.6	9.3	8.2	8.6	10.4	13.0	15.4	17.2	17.9
30°	17.8	16.4	14.0	11.3	8.9	7.8	8.1	10.1	12.7	15.3	17.3	18.1
32°	17.8	16.2	13.8	10.9	8.5	7.3	7.7	9.6	12.4	15.1	17.2	18.1
34°	17.8	16.1	13.5	10.5	8.0	6.8	7.2	9.2	12.0	14.9	17.1	18.2
36°	17.9	16.0	13.2	10.1	7.5	6.3	6.8	8.8	11.7	14.6	17.0	18.2
38°	17.9	15.8	12.8	9.6	7.1	5.8	6.3	8.3	11.4	14.4	17.0	18.3
40°	17.9	15.7	12.5	9.2	6.6	5.3	5.9	7.9	11.0	14.2	16.9	18.3
42°	17.8	15.5	12.2	8.8	6.1	4.9	5.4	7.4	10.6	14.0	16.8	18.3
44°	17.8	15.3	11.9	8.4	5.7	4.4	4.9	6.9	10.2	13.7	16.7	18.3
46°	17.7	15.1	11.5	7.9	5.2	4.0	4.4	6.5	9.7	13.4	16.7	18.3
48°	17.6	14.9	11.2	7.5	4.7	3.5	4.0	6.0	9.3	13.2	16.6	18.2
50°	17.5	14.7	10.9	7.0	4.2	3.1	3.5	5.5	8.9	12.9	16.5	18.2
Lat. S	Jan	Fev	Mars	Avr	Mai	Juin	Juil	Août	Sept	Oct	Nov	Dec

Durée astronomique du jour N fonction de la latitude

Durée astronomique du jour N en heures selon les données de la FAO en fonction de la latitude.
Tiré de Musy et Soutter (1991)

Lat. N	Jan	Fev	Mars	Avr	Mai	Juin	Juil	Août	Sept	Oct	Nov	Dec
Lat. S	Juil	Août	Sept	Oct	Nov	Dec	Jan	Fev	Mars	Avr	Mai	Juin
50 °	8.5	10.1	11.8	13.8	15.4	16.3	15.9	14.5	12.7	10.8	9.1	8.1
48 °	8.8	10.2	11.8	13.6	15.2	16.0	15.6	14.3	12.6	10.9	9.3	8.3
46 °	9.1	10.4	11.9	13.5	14.9	15.7	15.4	14.2	12.6	10.9	9.5	8.7
44 °	9.3	10.5	11.9	13.4	14.7	15.4	15.2	14.0	12.6	11.0	9.7	8.9
42 °	9.4	10.6	11.9	13.4	14.6	15.2	14.9	13.9	12.9	11.1	9.8	9.1
40 °	9.6	10.7	11.9	13.3	14.4	15.0	14.7	13.7	12.5	11.2	10.0	9.3
35 °	10.1	11.0	11.9	13.1	14.0	14.5	14.3	13.5	12.4	11.3	10.3	9.8
30 °	10.4	11.1	12.0	12.9	13.6	14.0	13.9	13.2	12.4	11.5	10.6	10.2
25 °	10.7	11.3	12.0	12.7	13.3	13.7	13.5	13.0	12.3	11.6	10.9	10.6
20 °	11.0	11.5	12.0	12.6	13.1	13.3	13.2	12.8	12.3	11.7	11.2	10.9
15 °	11.3	11.6	12.0	12.5	12.8	13.0	12.9	12.6	12.2	11.8	11.4	11.2
10 °	11.6	11.8	12.0	12.3	12.6	12.7	12.6	12.4	12.1	11.8	11.6	11.5
5 °	11.8	11.9	12.0	12.2	12.3	12.4	12.3	12.3	12.1	12.0	11.9	11.8
0 °	12.1	12.1	12.1	12.1	12.1	12.1	12.1	12.1	12.1	12.1	12.1	12.1

ANNEXE III

Durée moyenne du jour P en %

Durée moyenne du jour rapportée au nombre d'heures diurnes annuelles, soit P en %, selon la FAO

Tirée de Musy et Soutter (1991)

Lat. N Lat. S	Jan Juil	Fev Août	Mars Sept	Avr Oct	Mai Nov	Juin Dec	Juil Jan	Août Fev	Sept Mars	Oct Avr	Nov Mai	Dec Juin
60°	0.15	0.20	0.26	0.32	0.38	0.41	0.40	0.34	0.28	0.22	0.17	0.13
58°	0.16	0.21	0.26	0.32	0.37	0.40	0.39	0.34	0.28	0.23	0.18	0.15
56°	0.17	0.21	0.26	0.32	0.36	0.39	0.38	0.33	0.28	0.23	0.18	0.16
54°	0.18	0.22	0.26	0.31	0.36	0.38	0.37	0.33	0.28	0.23	0.19	0.17
52°	0.19	0.22	0.27	0.31	0.35	0.37	0.36	0.33	0.28	0.24	0.20	0.17
50°	0.19	0.23	0.27	0.31	0.34	0.36	0.35	0.32	0.28	0.24	0.20	0.18
48°	0.20	0.23	0.27	0.31	0.34	0.36	0.35	0.32	0.28	0.24	0.21	0.19
46°	0.20	0.23	0.27	0.30	0.34	0.35	0.34	0.32	0.28	0.24	0.21	0.20
44°	0.21	0.24	0.27	0.30	0.33	0.35	0.34	0.31	0.28	0.25	0.22	0.20
42°	0.21	0.24	0.27	0.30	0.33	0.34	0.33	0.31	0.28	0.25	0.22	0.21
40°	0.22	0.24	0.27	0.30	0.32	0.34	0.33	0.31	0.28	0.25	0.22	0.21
35°	0.23	0.25	0.27	0.29	0.31	0.32	0.32	0.30	0.28	0.25	0.23	0.22
30°	0.24	0.25	0.27	0.29	0.31	0.32	0.31	0.30	0.28	0.26	0.24	0.23
25°	0.24	0.26	0.27	0.29	0.30	0.31	0.31	0.29	0.28	0.26	0.25	0.24
20°	0.25	0.26	0.27	0.28	0.29	0.30	0.30	0.29	0.28	0.26	0.25	0.25
15°	0.26	0.26	0.27	0.28	0.29	0.29	0.29	0.28	0.28	0.27	0.26	0.25
10°	0.26	0.27	0.27	0.28	0.28	0.29	0.29	0.28	0.28	0.27	0.26	0.25
5°	0.27	0.27	0.27	0.28	0.28	0.28	0.28	0.28	0.28	0.27	0.27	0.27
0°	0.27	0.27	0.27	0.27	0.27	0.27	0.27	0.27	0.27	0.27	0.27	0.27

ANNEXE IV

Valeurs de coefficients culturals k_c

Quelques valeurs du coefficient cultural k_c.

Tirée de Musy et Soutter (1991)

	Amplitude totale	Période de pointe
Céréales	0.20 - 1.20	1.05 - 1.20
Luzerne, trèfle, fourrage	0.30 - 1.25	1.05 - 1.25
Riz	0.95 - 1.35	1.05 - 1.35
Coton	0.20 - 1.25	1.05 - 1.25
Betteraves à sucre	0.20 - 1.20	1.05 - 1.20
Carottes, céleris, pommes de terre	0.20 - 1.15	1.00 - 1.15
Oignons, crucifères	0.20 - 1.10	0.95 - 1.10
Melons, épinards	0.20 - 1.05	0.55 - 1.05
Radis	0.20 - 0.90	0.80 - 0.90
Tomates	0.20 - 1.25	1.05 - 1.25

LISTE DE RÉFÉRENCES BIBLIOGRAPHIQUES

Ackerman, B. 1985. « Temporal march of the chicago heat island ». *J. Climate Appl. Meteor.*, n°24, p. 547-554.

Aida, M and K Gotoh. 1982. « Urban albedo as a function of the urban structure, a 2-dimensional numerical simulation (part II) ». *Boundary layer meteorology*, n°23, p. 415-424.

Arnfield, AJ. 2003. « Two decades of urban climate research: a review of turbulence, exchanges of energy and water, and the urban heat island ». *International Journal of Climatology*, n°23, p. 1-26.

Balchin, WGV et N Pye, 1947. « A Micro-climatological Investigation of Bath and the Surrounding District ». *Quarterly Journal of the Royal Meteorological Society*, n°73, p. 297-319.

Beaudouin, Y et F Guay. 2005. « Portrait des îlots de chaleur à Montréal ». *Franc Vert*, Volume. 4, p.1-8

Bessemoulin, P et J Oliviéri. 2000. « Le rayonnement solaire et sa composante ultraviolette ». *La Météorologie*, 8ᵉ série-n°31. Septembre 2000, p. 42-48.

Bonn, F et G Rochon. 1992. « Précis de Télédétection. Volume 1 ». Universités Francophones, UREF, *Presses de l'Université du Québec/AUPELF*, Sillery, Québec, p. 485.

Bornstein, RD. 1968. « Observations of the urban heat island effect in New York City ». *J. Appl. Meteor.*, n°35, p. 1028-1032.

Camilloni, I et V Barro. 1997. « On the urban heat island effect dependence on temperature trends ». *Climatic Change*, n°37, p. 665-681.

Cantat, O. 2004. « L'îlot de chaleur urbain parisien selon les types de temps ». Norois, n°191. p. 75-102.

Cayrol, P. 2000. « Assimilation de données satellitaires dans un modèle de croissance de la végétation et de bilan énergétique : application a des zones semi-arides ». Mémoire de thèse. Institut national polytechnique de Toulouse, France. 168 p.

Chandler, TJ. 1965. « The Climate of London ». Hutchinson & Co Publishers Ltd.

Charabi, Y. 2001. « L'îlot de chaleur urbain de la métropole lilloise : mesures et spatialisation ». Mémoire de doctorat. Université des Sciences et Technologies de Lille, France, 236 p.

Christen, A et R Vogt. 2004. « Energy and radiation balance of a central European city ». *International Journal of Climatology*, n°24, p. 1395-1421.

Coutts, AM, J Beringer.et NJ Tapper. 2008. « Investigating the climatic impact of urban planning strategies through the use of regional climate modeling:a case study for Melbourne, Australia. ». *International Journal of Climatology*. Publié en ligne. 19 mars 2008.

Davezies, L. 2000 « Homogénéité nationale et hétérogénéité locale des enjeux du développement », in Les *Annales de la recherche Urbaine*, n°86, juin 2000, p. 6-17.

Deny, C. 2008. « Lutte aux îlots de chaleur urbains à Montréal ». CRE-Montréal;2008. In Société, Truc et astuces. Le portail de l'environnement du Québec.

Dettwiller, J. 1970. « Évolution séculaire du climat de Paris. Influence de l'urbanisation ». *Mémorial Météorologie Nationale*. n°52. p. 83.

Donglian, S et RT Pinker. 2004. « Case study of soil moisture effect on land surface temperature retrieval ». In Geoscience and Remote Sensing Letters, IEEE, vol. 1, n°2. p.127-130.

Duckworth, FS. et JS Sandberg. 1954. « The effect of cities upon horizontal and vertical temperature grandients ». *Bulletin of the American Meteorological Society.*, n°35, p. 198-207.

Éliasson, I. 1996. « Intra-urban noctural temperatures: A multivariate approach ». *Climate Research.*, n°7, p. 21-30.

Eliasson, I et MK Svensson. 2003. « Spatial air temperature variations and urban land-use-a statistical approach », *Meteorological Application,* n°10, p. 135-149.

Environmental Protection academy, EPA, 2006 « Reducing Urban Heat Islands: Compendium of Strategies ». *Basics Compendium,* 22 p.

Ercourrou, G. 1986. « Le climat de l'agglomération parisienne ». *L'information Géographique,* n°50, p. 96-102.

Fehrenbacher, J. Novembre 2005. *« Green roofs* ». En ligne. <http://www.inhabitat.com/2005/11/13/green-roofs,' >. Consulté le 21 mai 2008.

Garratt, JR. 1992. « The atmospheric boundary layer ». *Cambridge University Press,* Cambridge, 316 p.

Goh, KC. et CH Chang. 1999. « The relashionship between height to width ratios and the heat island intensity at 22 :00 h for Singapore ». *International Journal of Climatology.,* n°19, p. 1011-1023.

Glaus, M. 2003. « Élaboration d'une approche intégrée d'aide à la gestion environnementale des matières alternatives en cimenterie ». Mémoire de maitrise en Génie civil. École polytechnique de Montréal. Université de Montréal (Canada). 108 p.

Grimmond, CSB et TR Oke. 1995. « Comparision of heat fluxes from summertime observations in four North American cities ». *Journal of Applied Meteorological,* n°34, p. 873-889.

Grimmond, CSB. et TR Oke. 1999. « Heat storage inurban areas: observations and evaluation of a simple model ». *Journal of Applied Meteorological,* n°38, p. 922-940.

Giguère, M. 2009. « Mesures de lutte aux îlots de chaleur urbains » Direction des risques biologiques, environnementaux et occupationnels, Institut national de santé publique du Québec. Juillet 2009. 95 p.

Guyot, G. 1999. *Climatologie de l'environnement.* Ed. Masson, 505 p.

Hage, KD. 1975. « Urban-rural humidity differences ». *Journal of Applied Meteorological*, p. 1277-1283.

Hammon, W et FW Duenchel. 1902. « Abstract of a comparison of the minimum temperatures recorded at the U.S. Weather Bureau and the Forest Park Meteorological Observatories, St. Louis, Missouri for the year 1891 ». *Mon. Wea. Rev.*, n°30, p. 11-12.

Hansen, J, D Rind, A Del Genio, A Lacis, S Lebedeff, M Prather, R Ruedy et T Karl. 1991. « Regional greenhouse climate effects ». In *Greenhouse-Gas-Induced Climatic Change: A Critical Appraisal of Simulations and Observations*. M.E. Schlesinger, Ed. Elsevier, p. 211-229. New York (USA).

Hausler, R, A Hade et P Béron. 1994. « Total quality management for environment. A new approach for the choice of purification technology ». *Proceedings Earthcare*, p. 8-10, INSA-Toulouse (France).

Hémon, D et E Jougla. 2003. « Surmortalité liée à la canicule d'août 2003- Rapport d'étape (1/3) : Estimation de la surmortalité et principales caractéristiques épidémiologiques ». 25 septembre 2003. INSERM. Paris (France).

Howard, L. 1833. *Climate of London*. 3e édition. « Goldsmiths'-Kress library of economic literature ». Harvey et Darton, London (Angleterre), p. 284.

Jacob, F. 1999. « Utilisation de la télédétection courtes longueurs d'onde et infrarouge thermique à haute résolution spatiale pour l'estimation des flux d'énergie à l'échelle de la parcelle agricole ». Mémoire de doctorat pour l'obtention du titre de docteur de l'université Toulouse III, Spécialité : Télédétection de la Biosphère Continentale. Institut National de la Recherche Agronomique, Toulouse (France), 268 p.

Jancovici, B. 2004. « Surface correlations for two-dimensional Coulomb fluids in a disc » Laboratoire de Physique Théorique, Université de Paris-Sud, Orsay (France), *Journal of Physics Condensed Matter*, vol. 14, n°40, 14 octobre, p. 9121-9132.

Jancovici, JM. 2002. « L'avenir climatique. Quel temps ferons-nous demain? » *Le seuil Collection Science Ouverte*.

Johnston, J et J Newton. 2004. *Building green: a guide to using plants on roofs, walls and pavements*. Ecology Unit. London (Angleterre), 95 p.

Karl, TR, HF Diaz et G Kukla. 1988. « Urbanization: Its detection and effect in the United States climate record ». *Journal of Climate*, n°1, p. 1099-1123.

Katerji, N. 1977. « Contribution à l'étude de l'évapotranspiration réelle du blé tendre d'hiver. Application à la résistance du couvert en relation avec certains facteurs du milieu ». Thèse de doctorat. Université Paris VII (France), p.120.

Klysik, K et K Fortuniak. 1999. « Temporal and spatial characteristics of the urban heat island of lodz, Poland ». *Atmospheric Environment*, n°33, p. 3885-3895.

Kuttler, K, AB Barlag et F Robmann. 1996 « Study of the thermal structure of a town in a narrow valley ». *Atmospheric Environment*, n°30, 365-378 p.

Lachance G, Y Baudouin et F Guay. 2006. « Études des îlots de chaleur Montréalais dans une perspective de sante publique ». Institut national de sante publique du Québec, Montréal, Canada. In *BISE Bulletin d'Information en Sante Environnementale*, vol.17, n° 3. mai-juin 2006. p. 1-5.

Lakshmi, M, P Senthilkumar, M Parani, MN Jithessh et A Parida. 2000. « PCR-RFLP analysis of chloroplast gene regions in Cajanus (Leguminosae) and allied genera ». *Euphytica*, p. 243-250.

Lemonsu, A, CSB Grimmond et V Masson. 2004. « Modelisation of the Surface Energy Budget of an old Mediterranean City Core » *International Journal of Climatology*, n°43, p. 312-327.

Lutgens, FK, EJ Tarbuck et D Tasa. 1994. *The Atmosphere: An introduction to Meteorology*. 8th Student Edition. 528 p.

Martin, P. 2008. « Analyse diachronique du comportement thermique de Montréal en période estivale de 1984 à 2005 ». Mémoire de maîtrise en géographie. Université du Québec à Montréal (Canada). Août 2008. 1444 p.

Magee N. et al. 1999. « The urban heat island effect at Fairbanks, Alaska ». *Theories and. Application for Climatology*, n° 64, p. 39-47.

Mestayer, PG et S Anquetin, 1995. *Climatology of cities, Diffusion and Transport of Pollutants in atmospheric Mesoscale Flow Fields.* Gyr, F-S Rys, Editions, p.165-189, Kluwer Academic Pubs.

Montavez, JP, A Rodriguez et JI Jimenez. 2001. « A study of the urban heat island of Granada ». *International Journal of Climatology,* n° 20, p. 899-911.

Monteith, JL. 2001. « Evaporation and surface temperature ». *Quarterly Journal of the Royal Meteorological Society*, p. 1-27.

Moreno García, MC. 1994. « Intensity and form of the urban heat island in Barcelona ». *International Journal of Climatology*, n° 14, p. 705-710.

Morris, CJG, I Simmonds et N Plummer. 2001. « Quantification of the influences of wind and cloud on the noctural urban heat island of a large city ». *Journal of Applied Meteorology*, n°40, p. 169-182.

Musy, M. 2007. « Adjustement of Urban Microclimate for the Improvement of Open Space Confort and Building. Energy Consumption ». In *The 2nd International conference on the urban development in the 21st century : urban local identity in the process of globalization.* Wuhan (China), 16-18 Novembre 2007.

Musy, A et M Soutter. 1991 « Bilan hybride ». In *Physique du sol,* Presses polytechniques et universitaires romandes. Coll. « Gérer l'environnement ». p. 213. Suisse.

Nasrallah, HA, AJ Brazel et RC Balling. 1990. « Analysis of the Kuwait City urban heat island ». *International Journal of Climatology*, n°10, p. 401-405.

Offerle, B, CSB Grimmond et K Fortuniak. 2005. « Heat storage and anthropogenic heat flux in relation to the energy balance of a central European city centre ». *International Journal of Climatology*, n°25, p. 1405-1419.

Oke, TR. 1988. « The urban energy balance ». *Progress in Physical Geography*, n°12, p. 471-508.

Oke, TR. 1987. *Boundary Layer Climates.* Methuen, Londres et New York, 435 p.

Oke, TR. 1981. « Canyon geometry and the nocturnal urban heat island: comparison of scale model and field observations ». *International Journal of Climatology*, n°1, p. 237-254.

Oke, TR, 1978. *Boundary Layer Climates*. Methuem, Londres. 372 p.

Oke, TR. 1976. « The distinction between the canopy and the boundary-layer urban heat islands ». *Atmosphere*, n°14, p. 268-277.

Oke, TR 1973. « City size and the urban heat island ». *Atmospheric environment*, n°7, p. 769-779.

Oke, TR et C East. 1971. « The urban boundary layer in Montreal ». *Boundary-Layer Meteorology*, n°1, p. 411-437.

Oke, TR et RF Fuggle. 1972. « Comparison of urban/rural counter and net radiation at night ». *Boundary Layer Meteorology*, n° 2, p. 290-308.

Oke, TR et GB Maxwell. 1974. « Urban heat island dynamics in Montreal and Vancouver ». *Atmospheric Environment*, n°9, p. 191-200.

ONU. 2008. « World Urbanization Prospects - The 2007 Revision » : *Higlights*, United Nations, New-York (USA), 244 p.

Pearlmutter, D, P Bitan et P Berliner. 1999. « Microclimatic analysis of « compact » urban canyons in an arid zone ». *Atmospheric Environment*, n°33, p. 4143-4150.

Peck, AB, GB Taylor et JE Conway. 1999. « Obscuration cf the Parsec-scale Jets in the compact symmetric Object ». *ApJ*, n°521, 103 p.

Philandras, CM, DA Metaxas et PT Nastos. 1999. « Climate variability and urbanization in Athens ». *Theories and Application of Climatology*, n°63, p. 65-72.

Pielke, RA. 1984. « Mesoscale Meteorological Modeling ». *Academic Press*, New York, 612 p.

Pigeon, G. 2007. « Les échanges surface-atmosphère en zone urbaine- Projets clu-escompte et Capitoul ». Mémoire de doctorat. Université Paul Sabatier

Toulouse III, École doctorale des sciences de l'univers, de l'environnement et de l'espace, Toulouse (France), 172 p.

Pignolet-Tardan, F, 1996. « Milieu thermique et conception urbaine en climat tropical humide : Modélisation thermo-aéraulique globale ». Thèse de doctorat, Lyon, INSA, 233 p.

Pitre, P. 2008. « A GIS approach to the identification of areas and populations at risk during heat waves ». In *La Journée de présentation des résultants de recherché sur la chaleur accablante.* (Direction de santé publique de l'Agence de la santé et de services sociaux de Montréal, 23 mai 2008). Agence de la santé et de services sociaux de Montréal.

Raymond EL, A Bouchard et V Gagnon. 2006. « La gestion du risque de chaleur accablante ou extrême dans l'agglomération de Montréal ». *3e Symposium annuel du Réseau canadien d'étude des risques et dangers.* (Montréal, 12 octobre 2006). Centre de sécurité civile, Ville de Montréal.

Renou, E. 1862. « Différences de températures entre Paris et Choisy-le-roi ». *Société Météorologique de France, Annuaire*, n°10, p. 105-109.

Ringenbach, N. 2004. « Bilan radiatif et flux de chaleur en climatologie urbaine : Mesures, modélisation et validation sur Strasbourg ». Mémoire de thèse en Sciences de l'image, de l'informatique et de la télédétection. Université Louis Pasteur Strasbourg I, France. p.146.

Rizwan, AM, LYC Dennis et C Liu. 2007, « A review on the generation, determination and mitigation of Urban Heat Island ». Département de genie mécanique, University of Hong Kong, (Chine). *Journal of Environmental Sciences* n°20, p. 120-128.

Runnalls, KE et TR Oke. 2000. « Dynamics and controls of the near-surface heat island of Vancouver, British Columbia ». *Physic and Geography*, n°21, p. 283-304.

Sailor, DJ et L Lu. 2004. « A top-down methodology for developing diurnal and seasonal anthropogenic heating profiles for urban areas ». *Atmospheric Environment*, n°38, p. 2737-2748.

Salomon, T et C Aubert. 2004. *La fraîcheur sans clim.* Terre Vivante, Paris, 160 p.

Stewart I et TR Oke. 2006. « Methodological concerns surrounding the classification of urban and rural climate stations to define urban heat island magnitude ». In *Preprints of the Sixth International Conference on Urban Climate*, p. 431-434, Urban Climate Group, Göteborg University, Sweden.

Sundborg, A. 1950. « Local climatological studies of the temperature conditions in an urban area ». *Tellus*, vol. 2, n°3, p. 221-231.

Tarleton, LF et RW Katz. 1995. « Statistical explanation for trends in extreme summer temperature at Phoenix, Arizona ». *Journal of Climate*, n°8, p. 1704-1708.

Tereshchenko, IE.et AE Filonov. 2001. « Air temperature fluctuations in Guadalajara, Mexico, from 1926 to 1994 in relation to urban growth ». *International Journal of Climatology*, n°21, p. 483-494.

Uherek Elmar. 2005. En ligne. <http://www.atmosphere.mpg.de/enid/0,55a304092d09/Climate_in_brief/_Cli mate_in_Cities_2t9.html >. MPI for chemistry. Mainz. Consulté le 20 mars 2008.

Unger, J, Z Sümeghy, A Gulyás, Z Bottyán, et L Mucsi. 2001. « Land-use and meteorological aspects of the urban heat island ». *Meteorology.Applications*, n°8, p.189-194.

United States Environmental Protection Agency (USEPA). 2008. *Reducing urban heat islands: compendium of strategies, urban heat island basics*. USEPA, Washington, DC, 19 p.

Vergriete Y et M Labreque. 2007. « Rôle des arbres et des plantes grimpantes en milieu urbain : revue de littérature et tentative d'extrapolation au contexte montréalais ». Conseil Régional de l'Environnement de Montréal, Montréal (Canada), 35p.

Voogt, JA. 2002. « Urban heat island ». In *Encyclopedia of global environmental change*, vol. 3, p. 660-666.

Yamashita, S, KSM Shoda, K Yamashita et Y Hara. 1986. « On relationships between heat island and sky view factor in the cities of Tama River basin, Japan ». *Atmospheric Environment*, n°20, p. 681-686.